PUTONG GAODENG YUANXIAO SHEJIXUELEI "SHISANWU"
GUIHUA JINGPIN JIAOCAI

普通高等院校设计学类"十三五"规划精品教材

DESIGN

办公空间设计
Office Space Design

◎范 蓓 主编

华中科技大学出版社
http://www.hustp.com
中国·武汉

内 容 提 要

  本书从世界各地作品集中收集了各种办公空间的设计方案,它们代表了办公空间设计的最新潮流,给意欲建立工作室和办公室的人们以启迪。本书第 1 单元就让你灵感不断,从导论开始就为大家介绍了各种不同的办公空间样式,每一个精选出的方案都是当今建筑师、室内设计师的优秀作品,他们运用迷人、独创、环保的设计,营造出独特的工作区域。本书第 2 单元办公环境空间要素设计,运用通俗易懂的语言重点分析办公空间的造型,适当引入定量分析的方法分析办公家具的造型。本书第 3 单元至第 7 单元聚焦于利用布局安排、辅助材料、色彩、光照等,在充满实用功能的办公空间中,运用恰当的技巧、方法来解决指定的空间设计以及特殊的功能要求。这些实用而又引人入胜的解决方案,时刻为寻求新思想的人们准备着,一页一页地读下去,一定能带来灵感和启发。

图书在版编目(CIP)数据

办公空间设计/范蓓主编 . —武汉:华中科技大学出版社,2013.4
ISBN 978-7-5609-8798-9

Ⅰ.①办… Ⅱ.①范… Ⅲ.①办公室-室内装饰设计-教材 Ⅳ.①TU243

中国版本图书馆 CIP 数据核字(2013)第 069651 号

办公空间设计   范 蓓 主编

责任编辑:陈 骏 金 紫
封面设计:李 嫚
责任校对:张 琳
责任监印:张贵君
出版发行:华中科技大学出版社(中国·武汉)
     武昌喻家山 邮编:430074 电话:(027)81321913
录 排:武汉楚海文化传播有限公司
印 刷:湖北新华印务有限公司
开 本:787mm×996mm 1/16
印 张:16.75
字 数:283 千字
版 次:2017 年 1 月第 1 版第 2 次印刷
定 价:48.00 元

师者如兰　代序

子曰:"芝兰生于深林,不以无人而不芳,君子修道立德,不谓穷困而改节。"当今商业社会能够立足师道而辛勤耕耘者可歌可赞。本书作者范蓓副教授十数年如一日不为权势所动,不以利益熏心,兢兢业业、默默无闻地潜心"修道",严谨治学,在教学一线和科研实践中积累了丰富的经验。课上课下深受学生喜爱,真可谓师者如兰,香远益清。

《办公空间设计》教材深入浅出、引经据典、遵章循法,从导论启始,在历史长河中精选出办公空间设计的优秀案例,折射出各个时代特征和经典设计手法,再由办公环境空间要素设计分析、办公空间造型布局安排、辅助材料、色彩、光照等方面入手,逐步展开办公空间设计的概念、原理、方法,从而引导读者探索设计规律、启迪创意思想、训练设计方法。在环境设计领域具有启迪和指导作用。

大数据时代的到来,给《办公空间设计》带来了新的契机,大数据、云计算、物联网给办公空间孕育了新的空间思维、新的设计理念,无组织的组织力量给办公空间设计一个更大的舞台。

愿《办公空间设计》在大数据时代如师者严谨,如兰之香远。

丛书主编　蓝江平
2015 年 5 月

前　言

随着全球经济的快速发展，人们对于空间环境的认知和要求发生了翻天覆地的变化。人们的生活及工作环境也发生着变化，科技的发展，使工作不再局限于办公室内，在家里、咖啡厅、旅馆等空间都可以办公。工作的时间也不再是"朝九晚五"。现在的工作没有停止的时候，也没有地域的限制，人们可以随时随地与世界上任一角落的人联系。商务人员只需持有手提电脑，即可在任何地方、任何环境下办公。在这短短几年的时间内，办公室已不再是一个既定的框框了。因此，对于办公空间设计的要求也越来越高。现阶段大多数的办公场所普遍存在格局落后、陈设单调、无特色、舒适度差等问题。因此，加强对办公空间设计的学习，将理论研究融入实际工程中，培养优秀的办公空间设计人才，是我们教育教学的重点之一。

由于企业经营私密性的问题，学生很难在学习阶段直接接触到各类办公空间，所以讲授办公空间设计不是一件容易的事。一直以来，为学生寻找到合适的办公空间相关教材资料用于课堂讲授，都是一个挑战。作者努力试着编写这本书，在书中让学生成为良好的倾听者和实践者，创新设计指导学生会画草图、熟练使用计算机，还要掌握各种各样的办公材料，将他们的三维构想传达给世界，让创新的思想贯穿整本书。

作者将中外办公空间各个历史时期的经典设计按时间顺序列举出来，和现代的经典办公空间进行比较，说明现代办公设计的原型都来自传统历史办公空间，还引申出了著名设计大师的经典之作。在展现经典办公设计的形式和风格特征的同时，折射出各个时代特征和经典设计手法，无论是再现历史风采，还是设计的延续，以及探索设计规律、启迪设计创意和手法，都具有深厚的研究价值。用学生能够理解的通俗语言重点分析办公空间的造型，适当引入定量分析的方法分析办公家具的造型。设计是有方法和规律可循的，本书归纳出在办公空间设计过程中的设计方法，并附上最新的办公空间产品设计，其中所有图片都是全世界近几年的杰出青年设计师的作品，从而使学生能够接触到最新的设计资料。与此同时，作者将参赛、获奖的办公空间设计作品穿插在学生平时的课堂作业中，详细讲解设计方法的运用及设计的程序。

　　本书在编写方面力求反映出信息时代的立体化教材特征,特别是各个章节都配备了课程作业设计,同时本书还配备了大量的国际最新办公空间设计图片资料。本书注重理论联系实践,注重实操训练和案例教学。现在很多办公空间的教材只配有彩色图片,本书将采用平面图和图片对应的方式,将精彩的办公空间细致地表现出来,让学生能够全面了解办公空间的结构特点。

　　本书的出版得到了华中科技大学出版社有关老师的精心指导,得到了武汉工程大学艺术设计学院相关领导的大力支持,尤其是得到了相关老师的帮助和指导,在此一并向他们表示衷心的谢意。设计作品中选用了武汉工程大学艺术设计学院、湖北美术学院、武汉纺织大学相关专业师生们的部分作品以及国内外著名家具企业的部分作品与案例,在此一并衷心感谢。同时也向所有支持本书编写工作、提供素材的单位与个人表示谢意。

　　特别感谢武汉大学艺术设计学院研究生杨艳同学参与第2单元的编写,武汉工程大学艺术设计学院蓝江平老师参与第5单元的编写,武汉工程大学艺术设计学院李倬、李思凯同学参与第6单元的编写。本书选编了欧洲、美国、日本等著名设计师的作品和著名办公空间公司的图片,在书中都已注明,个别作品因信息不全未能详细注明,特此致歉,待修订时再补正。

　　由于作者水平及时间所限,书中不足之处在所难免,敬请有关专家、学者和各界人士不吝指正,以便在下一步的教学和修订工作中得到改进和提高。

本书作者
2014 年 6 月

目　　录

第1单元　导论

学习目的：办公空间是现代办公设计的核心内容之一。随着时代的快速发展和人们生活工作行为方式的改变，如今的办公模式、办公理念、办公组织形式已经发生了一系列的变化，对办公空间的设计提出了新的要求。通过本单元的学习，使学生能够完整了解到办公空间历史的发展，初步了解办公空间的功能、分类以及办公空间的现状及未来的发展趋势。

学习重点：

1. 掌握办公空间的历史演变；

2. 掌握办公空间的功能及分类。

办公空间是供机关、团体和企事业单位处理行政事务和从事业务活动的场所，是社会再生产的基础性建筑（见附图1、附图2）。

全球经济一体化，给人们的生活及工作环境带来很大的变化。科技的发展，使工作不再局限于办公室内，在家里、咖啡厅、旅馆等空间都可以办公。工作的时间也不再是"朝九晚五"，现在的工作是没有停止的时候，也没有地域的限制，人们可以随时随地与世界上另一个角落的人联络。商务人员只需持有计算机，即可在任何地方、任何环境下办公。在短短几年的时间内，办公室已不再是一个既定的框框了。这些变化首先取决于人们的态度的转变，其次是工作空间的灵活性和办公设备的改变。在以前，人们工作是为了维持生活、养活家人，随着社会的发展，人们的工作态度有了转变：选择工作不仅要求有一个好雇主、一个有前途的公司、一个注重员工福利的机构，更需要有一个好的工作环境。工作时间内的开心和舒适变成一个正当合理的需求。人性化、开放式的办公室设计有利于帮助企业去表达自身的活力。

办公空间与其他商业空间的重要区别就是要研究长期在室内工作的人们的日常行为，"利用办公空间的设计来讨论社会动力和个人心理"，从而最大限度地提高工作人员的工作效率。利用办公空间设计影响公司的凝聚力，如把茶水间设置在办公室的中间，茶水间变成开放空间犹如咖啡厅，并营造舒适的气氛。大家坐下来，聊上几句，沟通一下，消除工作中的隔阂，冰冷的办公氛围变得温暖和亲切（见附图3）。

　　工作空间的灵活性也是办公室的一大改革。一些高科技企业及广告传媒公司最先突破传统,要求设计师将工作区设计成灵活、多功能及人性化的空间,把固定间隔减少,把负责人办公室改成开放式的,或用玻璃间隔使办公室变得通透,又把临窗的区域用作开放办公区,使内部空间拥有良好的光线(见附图4)。有些公司的员工出差频繁,在固定办公人员减少的情况下,采用"旅店登记式"办公安排,让经常出差的员工合用办公桌,节省空间;节省的空间用作共享区域,并在办公室内加设咖啡室、阅览室、沙发休闲区等,务求把工作环境布置得灵活及实用,使得员工可最大限度地发挥自己的潜能。例如美国一些大企业在中国的办公空间,有一个区域就是供来此地出差的人员使用的,这些人员来到中国,只需一张桌子、一个电话,就可以开展工作。因此,灵活多变的办公空间已越来越受人们的青睐。

　　与此同时,办公设备的变化也影响了办公设计。很多公司因电信及环保理念的普及,采取"无纸办公"模式,用计算机储存档案。纸类档案的大量减少,使开放办公变成现实。吊柜、高柜的减少,使空间变得开阔(见附图5);120°的办公台提供3人、6人或扇形的灵活组合,既美观又拉近了员工的工作距离(见附图6)。办公室向智能化管理发展,使得办公设计理念向科技化方向迈进(见附图7)。

　　人们对生活空间与环境要求的提高是办公区与生活区分开的动力,交通与通信设施的发展使这种分开成为可能。随着通信和网络的发展,某些职业的人们逐渐回归到自己的住所办公,因为从人性化的角度来说,住所的轻松与舒服感是任何公共办公空间都无法比拟的,这也预示现代公共办公空间设计未来的发展方向之一,必定是如何更加人性化。与其相矛盾的是:整齐的环境和统一的服饰可以塑造比较有力的单位形象,但失去的必然是舒服感和人性化。设计师的任务之一就是在特定的时空,在这两者之间找到最佳的结合点。

　　以感性的办公空间设计,带出理性的思考。一个不同寻常的办公环境体现着企业对员工福利的关注,也是企业形象成熟的表现,这些都能为企业带来更好的经济效益。今天,一个新的、不再沉闷的、有代表性的及人性化的多彩办公空间成为企业的硬件,这也为办公空间设计创造了一个全新的生活及工作理念。

1.1 办公空间的历史演变

西方古代的办公室通常是宫殿或大型庙宇中的一部分。通常是一间存放有大量卷轴的房间,并有抄写员在里面工作(见图1-1)。对一些考古学家和大众媒体而言,这些房间有时也被称为"图书馆",因为这个场所通常与记载有文学作品的卷轴有关。事实上,除了诗歌或虚构的文学作品之外,自从各种记录、合约、命令、公告等内容都被记载于卷轴上起,这些存放卷轴的房间就有了现代"办公室"的含义。中世纪的修道士是办公室环境的发明者,每天教堂的钟声就如同现今的打卡钟一般(见图1-2)。英国维多利亚女王在印度长途跋涉时乘坐的火车车厢,即最早的移动办公场所(见图1-3)。

图1-1 古代的办公空间

图1-2 公证人——个人办公空间的雏形

随着社会的发展,办公空间经历了巨大而深刻的变化。20世纪建筑设计、技术、经济、管理模式的进步,使得办公空间成为一个隐藏在物质表象下的具有活力的社会变革和文化现象的缩影。自工业革命以来,办公模式从作坊式家庭办公进化到流水线大批量生产式的集约型办公,进而发展到体现个性和风格的现代办公,每次变革都基于深刻的社会、技术、经济等的变革。我们在学习办公空间设计的同时,应该对近代的工业生产发展、技术变革及社会环境的演变有一个清晰的了解,在此基础上,才能够正确地理解办公空间设计的目的及所要表达的符合企业精神的理念。

图 1-3　英国维多利亚女王乘坐的火车车厢

1.1.1　近代办公空间的形成

　　19 世纪末 20 世纪初,西方经济的重心从农业转向以办公室为载体的工业。政治、经济、教育乃至消费文化的变革,促使新兴的管理阶层出现,大批的人们涌进了办公室,从事行政管理、专业信息咨询服务的群体产生了。1919 年,美国社会评论家厄普顿·辛克莱(Upton Sinclair)正式提出"白领"(white collar)这一词汇,用来记录这一时期劳动人群的转变。工作人群也由原先的"工人"转变成"白领"。女性也逐渐参与到工作中。1868 年雷明顿发明了打字机(见图1-4、图 1-5)。19 世纪末,美国的打字中心里所有打字员都是女性(见图 1-6)。现代化迫使人们转变观念,从而触及经济中心——办公室。办公空间的社会性更加突出,并逐渐成为经济与技术革命的一个展示空间。

图 1-4　雷明顿在 1868 年发明了打字机

图 1-5　雷明顿发明的打字机　　　　图 1-6　19 世纪末美国的打字中心

1.1.2　早期的办公设计理念

　　早期的整齐统一的办公布局是建立在费雷德里克·泰勒（Frederick Taylor）的"科学管理"理论和亨利·福特（Henry Ford）的流水线式工厂化管理理论的基础之上的。被西方管理界誉为"科学管理之父"的泰勒是美国近代科学管理学的创始人。他的管理概念建立在有关效率的"科学管理"的模式之上，即建立在一个员工就等于一个生产单元的概念基础上（见图 1-7、图 1-8）。其管理概念强调秩序、阶级组织、监督及群众利益。他提倡的这种科学式管理把人视为生产线上的一颗螺丝钉。生产与管理的层次、顺序、后勤等功能要素变得程序化，成为一种建立在有序基础上的社会组织模式。福特汽车公司创始人亨利·福特创立了大规模标准化的流水线生产方式。他曾说："为什么我只要一个人时，却总是得到整个人类？"他强调的是社会动态和人的主观意识会成为生产效率的阻碍。这种从 19 世纪早期大规模流水线式生产发展出的厂房式办公设计，将管理凌驾于个人主观意识之上，形成了 20 世纪早期的办公设计模式，并在之后的几十年中被广泛应用。其根本目的是谋求最高效率，使较高的工资和较低的劳动成本统一起来，从而不断扩大再生产。它达到最高的工作效率的重要手段是运用科学化、标准化的管理方法。由于厂房式办公设计过分强调秩序，忽视个人因素，它直接导致了空间的非人性化和模式化。

图 1-7　泰勒(Frederick Taylor)和科学式管理　　图 1-8　应用泰勒理论的典型的办
　　　　　　　　　　　　　　　　　　　　　　　　　　　公室环境

1.1.3　办公设计理念的发展

　　1900—1950 年是一个以建筑技术为标志的时代,钢筋混凝土的大量使用,为建筑空间的发展提供了广阔的天地。第二次世界大战后的现代建筑需要创造一个全新的工作环境。商业运作迅速与技术相联系,建筑结构的革新使大规模的开放办公空间成为可能。赖特(Frank Lloyd Wright)——办公大楼的先驱,他的流水别墅已是现代建筑经典中的经典。他的草原住宅系列、拉金大厦(Larkin Building)(见图 1-9、图 1-10)开创了现代建筑空间

图 1-9　拉金大厦(Larkin Building)　　　　　图 1-10　拉金大厦中庭实景

的先河。他对于现代建筑理论和工业实践有诸多贡献。例如图 1-11 中的椅子，它的支撑脚为十字爪型的支撑系统，椅子的下面使用了万向轮——这是现在我们大量使用的办公椅的雏形。

空调的出现、模数化的墙面、地板、天花板系统，是办公设计成为适应企业结构和技术系统持续性变化的基础。同时，办公家具的变革，如 1946 年德国人汉斯·诺尔（Hans Knoll）和他的妻子佛罗伦斯·谢思特（Florence Schust）建立的以包豪斯风格为主的办公家具制造体系，对现代化的办公空间的发展起到重要的推动作用（见图 1-12）。从打字机到计算机，从传真到电子邮件，技术的进步带来办公空间设计的改变（见图 1-13、图 1-14）。

图 1-11 现代办公椅的雏形

图 1-12 包豪斯风格办公家具

图 1-13 20 世纪 50 年代北美典型的主管办公室

图 1-14 办公空间的分租制度

1950—1980 年办公空间持续发展,美国也随之产生了新的精确、井然有序的办公文化。整个办公空间用模组化和格子状的空间设计来达到有效和完善的管理(见图 1-15～图 1-17)。个人的办公空间的形成,是办公室阶级的象征(见图 1-18)。由于欧洲和美国在历史和文化上的差异,因此在办公大楼设计上的表现上也是不尽相同的,在格外强调金钱、权力和英雄主义的美国,开发商往往热衷于建造雄伟壮观的办公大楼。在欧洲则不同,相对于美国,欧洲的办公大楼看起来更为人性化。大楼设计的切入点并不是权力意志的表达,而是从实际的需求出发。在里面工作的普通员工也有权利根据自身的需求和喜好来要求办公环境的品质(见图1-19)。但是,真正使用起来情况并不总是如此理想,常常会因为无法正确地预期公司的成长,而逐渐

图 1-15　美国办公文化

图 1-16　1960 年的办公自动化作业

图 1-17　1960 年英国喜剧片《叛徒(Rebel)》
　　　　当中的一幕

图 1-18　个人的办公空间——办公室阶级的象征

出现空间拥挤、档案空间不足的状况(见图 1-20)。在这个阶段,独立办公空间慢慢发展起来了。把各自的办公空间用隔墙和高格断一区一区地分隔开,就变成独立办公空间的形式,个人的私密感会大大加强,但对整个办公空间几乎是没有任何影响的。在 1967 年的法国电影《Payment》中,影片就用超现实的手法讽刺了这种失去自我的未来办公文化,如图 1-21 所示,Hulot先生在由一个个完全相同的独立工作单元组成的迷宫中茫然地寻找某人。这就迫切需要可持续改变的办公环境。1972 年著名的结构主义大师Herman Hertzberger 设计了荷兰保险公司大楼(见图 1-22、图 1-23),其整个建筑和室内空间的架构由一个个面积和形式一致的正方形"细胞单元"组成,每个单元和相邻的单元以走道连通。这些单元的本身以半开敞的矮隔断

图 1-19　1960 年欧洲办公家具制造商 Schnelle 兄弟创造的开放式办公空间

图 1-20　空间拥挤、档案空间的　　　　图 1-21　电影《Payment》中完全相同的
　　　　　办公空间　　　　　　　　　　　　　　　独立工作单元

图 1-22 荷兰保险公司大楼

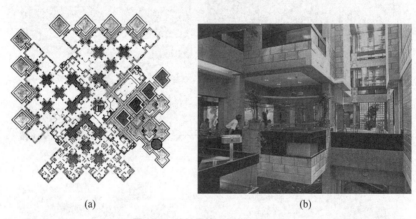

(a)   (b)

图 1-23 荷兰保险公司的办公环境

(a)水平方向;(b)垂直方向

和矮墙相分隔,这样每一个单元内的工作组既保证了独立性,又增加了组和组之间的沟通。在这里,每个人都可以根据自己的喜好来布置自己的办公环境。而这些布置行为也在一定程度上对整个办公空间的氛围产生影响。而当某个单元空间被赋予另一种功能的时候,我们可以很容易地去改变它的布置,而不会影响到整个办公空间的格局(见图 1-24)。

　　20 世纪 80 年代,随着科技发展,像苹果这样的高科技公司大量涌现。它们借助技术的创新性与观念的前瞻性,改变了传统办公的概念,率先提出强调企业文化与个人创造力相结合的办公概念,通过非正规的工作环境创

图 1-24 单元的功能不同

造有个性的空间。相比之下,以泰勒和福特为代表的工业开拓者们所倡导的"工作单元"的管理模式变得日趋僵硬。随着信息技术所带来的高效率,许多原先建立在"有序"基础上的企业组织模式逐渐被风格化、休闲化和个性化的工作环境所取代。"建立合作与交流空间,使个人的创造力能够被激发"的观念,开始被越来越多的企业所接受(见图 1-25)。

图 1-25 苹果公司办公室设计

自 1990 年以来,办公空间出现了许多新的发展。首先,以苹果的产品为特征的工业产品设计直接影响了室内设计风格,在办公空间中开始以创造简单的材料来表现视觉效果(flash without cash)(见图 1-26)。同时,为了应对市场及技术的迅速变化,灵活性成为办公空间设计的重要原则。在设计理念上,打破传统、模糊工作区域、体现团队工作精神成为企业的目标。更重要的是,随着全球环境的变化,人们日益关注环保等与环境相关的因素(见图 1-27)。

图 1-26　苹果公司新大楼设计　　　　　　图 1-27　鹿岛建设的办公总部

在互联网时代,随着科技的发展,固定有办公桌、办公椅的办公室似乎越来越不重要了。只要是手机、电子邮件、传真、电话视频等技术能够触及的地方,都已经成为人们真实工作的办公场所。因此办公室可以是餐厅、酒吧、咖啡厅、火车或机舱中。办公空间很有可能将走向我们从未想象过的地方。

1.2　办公空间的功能

办公空间是为办公而设的场所,首要的功能应该是使工作达到最高的效率。要做到这点,首先办公空间的布局必须合理,各相连的职能部门之间、办公桌之间的通道与空间不宜太小、太窄,也不宜过长、过大。有些办公空间为了显示气派,所设计的空间较大,但也应适当,空间的大小应以不影响办事效率为好。

其次,办公空间各种设备和配套设施应配备齐全合理,并在摆设、安装和供电等方面做到安全可靠、方便使用并便于保养,使其发挥最佳的性能。办公桌应具有充分的工作空间,但又不能占太多的地方;文件柜要根据不同规格的文件和资料专门设置,使空间得到充分利用,达到用最小空间储存最多的资料与文件、而且又便于寻找和翻阅的效果。

再次,所有的家具最好都能符合人体功能,让使用者工作舒服,从而达到最高的工作效率。办公空间的装饰与布置,既要塑造和宣传企业的形象,也要显示出使用者的身份和个性,又要实用大方。这就要求造型和色彩、材料和工艺等方面有相当的考究,如此就涉及工艺技术、材料构造、物理光学、生理与心理科学、价值工程学、文化背景与美学等学科的研究与良好的运用,才能使使用者在视觉与心理方面感觉美观和舒适,使顾客为之"眼前一亮"。

最后,人的生命财产安全比任何办公空间都重要,所以,办公空间还必须具有高度的安全系数,诸如防火、防盗及防震等安全功能都是必需的。

1.3 办公空间的分类

在开始进行平面规划之前,设计师应先充分了解工作机构的类型、管理模式,因为不同类型的办公机构的运作方式会直接影响室内空间的划分。机构中的上、下级关系,部门工作之间的合作程度,是决定空间分配比例以及空间开放或者封闭的重要因素。一个好的空间规划可以使使用者有效地提高工作效率,从而获得最大的利益。

1.3.1 按布局形式分类

办公空间按布局形式主要分为单间式和开敞式。

(1) 单间式。

单间式办公空间是指以部门或工作性质为单位,分别把人员安排在不同大小和形状的房间之中。其优点是各独立空间相互干扰较小,灯光、空调等系统可独立控制,在某些情况下(如人员出差、作息时间差异)可节省能源。根据不同的间格材料,单间式办公室分为全封闭式、透明式或半透明式。封闭式的办公空间具有较高的保密性(见附图 8)。而透明式的办公空间则除了采光较好外,还便于领导和各部门之间互相监督及协作(见附图 9)。透明式的间格通过加窗帘、贴膜可变成半透明式(见附图 10)。

单间式办公空间的缺点是:在工作人员较多和分格多的时候,会占用较大的空间,而且现场装修需要一定的时间,间格不便于随意调整。

(2) 开敞式。

开敞式办公空间是指将若干个部门放置于一个大空间之中,每个工作桌通常用低矮挡板分隔。这种办公空间由于工作台集中,省却了不少门和通道的位置,从而也节省了空间,同时装修、供电、信息线路、空调等的费用也会相应降低。这种布局还便于工作台之间的联系和相互监督(见附图 11)。

开敞式办公室有如下优点和缺点。

优点:开敞式办公空间通常选用组合式家具,这类家具现在一般由工厂大批量生产。生产过程中各种连接线路(如供电、信息布线)可暗藏于间格或家具之中。各种辅助用具(如文件架、烟灰缸、信插架等)也可同间格或家具一同生产。因此,这类家具使用、安装、拆卸和搬迁都较为方便。而且随着生产技术的提高和生产批量化的发展,这种家具不但越来越漂亮,也越来越便宜,故有日益普及的趋势(见附图 12)。

缺点:部门之间干扰大,风格变化小,而且在一个单位空间中同时办公时,照明用电和空调用电需要专门设计。这种形式多用于银行、电信营业部和证券交易所等多人一起工作的大型工作场所空间布局。

也有不少办公空间是在同一个单位空间中同时采用单间式和开敞式,如高层领导的办公室、接待室、会议室采用单间式,普通员工的办公空间或多人一起办公的部门采用开敞式,这样则可兼取单间式和开敞式两者之优点(见附图 13)。

1.3.2　按业务性质分类

办公空间按业务性质可分为行政办公空间、出租写字楼、专业性办公空间和综合性办公空间。

(1) 行政办公空间。

行政办公空间即党政机关、民众团体及事业单位的办公空间或以从事事务管理为主的服务性机构。其特点是由于上、下级等级关系明确,部门分工具体,工作性质主要是行政管理和政策指导,工作属性自主,不需要太多部门和个人之间的交流。单位形象特点是严肃、认真、稳重,却不呆板、不保守。设计风格多以朴实、大方和实用为主,在空间划分上,多以小型空间或封闭的个人办公室为主。

(2) 出租写字楼。

出租写字楼即分层或分区出租的办公楼。现代办公大楼一般都有几十层楼高,为了合理利用资源,通常都是分层或者分区出租。在一栋大楼内,就会有不同的设计领域,这样会形成不同的装修风格,办公空间的布局也会别具一格。

(3) 专业性办公空间。

专业性办公空间即为各专业单位所使用的办公空间。装饰风格往往带有行业性质,有时作为企业的形象或窗口而与企业文化统一。这类办公空间具有较强的专业性。其装饰格调、家具布置与设施配备都应有时代感和新意,且能给顾客信心并充分体现自己的专业特点(见附图 14)。专业性办公空间的装饰风格特点是在实现专业功能的同时,体现自己特有的专业形象,协调专业功能区域与普通办公区域的流线及装修界面的交接。

(4) 综合性办公空间。

综合性办公空间即以办公空间为主,同时包含公寓、展览场所、对外营业性餐厅、咖啡厅、娱乐厅等公共设施的建筑物。随着社会的发展和各行业工作的进一步社会化,为社会提供服务的各种新概念的办公空间因社会需要而不断产生。

以上是仅就办公室的空间分隔和业务性质而言。实际上,办公空间除了办公区域之外,还有门厅、楼梯、通道、走廊、会议室、资料室、设备室等许多不同的辅助空间,也有为提高装饰格调和档次,为使用者舒适和情趣而配置的装饰品、艺术品、植物小景等。办公空间的天花板、地面、墙身、门窗和办公家具,还可以千变万化、各具风采。另外,办公空间的装饰风格还会受建筑风格和其他装饰风格的影响,在不同的时代、不同的地域和民族中都会有所不同。

1.4 办公空间的现状及发展趋势

日益进步的科技、企业的合并与收购、变化不定的劳动力配置和日新月异的组织策略,加上全球性竞争,这些都需要经营者不断变动工作场所适应新的工作方式,渐渐发展出许多"另类办公"。其中多数涉及某种非专用性办公方式,即当一名职工在公司使用办公设施时,可以方便地占用一个工作格子或一间办公室,但并非通常意义上分配给他个人专用的那样"拥有"该工作格子的使用权。我们可以称它为"咖啡座"式的办公场所。这种办公场所需要满足两个条件:第一,员工可以自由地在员工认为自己工作效率最高的地方工作,不论在公司里面或外面,而不必总是待在那小而乏味的标准化格子里。第二,当员工来到公司时,工作环境是令人心情舒畅、充满诸多特色的场所,可以根据员工当时所从事工作的性质以及一起工作的人,去自行选择工作场所。这种办公场所实现了双赢:在公司单位方面能降低或控制开支,而员工则拥有了一个更好的工作场所。例如瑞士的苏黎世 google 办公空间(见附图 15)和美国旧金山 google 办公空间(见附图 16)都设计成一个充满乐趣甚至神奇创意的地方。办公环境和设施、一个放松自由的工作环境,看上去更像是娱乐场所;走道上的滑坡、奇特的会议室、触摸的体感设备以及自取的小零食,令人感到惊讶和美好,诸多的创意办公元素吸引相当多的优秀才俊心仪加盟。

1.4.1　办公空间的自动化、远程化、智能化和社会化

办公空间是为办公行为服务的,随着现代科技的发展,办公的效率必然会大大提高,而且办公设备也迅速地实现多功能化、小型化和无线化。网络使一项工作可以同时在全世界任何有良好网络覆盖的地方进行,托马斯·弗里德曼在《世界是平的》一书中就记述了目前美国税务、电信、家教等工作方式的变化趋势。其经营、设计和高级管理部门设在美国,而提供服务的却是身在印度的工作人员。这类工作开始是通过复杂的网络线路连接至大洋彼岸实现的,但随着无线网络的发展,其联系和沟通的方式会变得越来越简便。另外,视频会议的实施,大大节省了会议室的空间和赴会车辆停放的场地;计算机的使用,精简了电信文件收发与记录的人员;清洁卫生工作通过清洁机器人即可完成;电子防盗系统减少保安人员岗位;餐饮的网上订购和送货服务,省却了传统大型办公空间附设的烹煮空间。

1.4.2　小型化和舒适化

由于办公空间的自动化、远程化、智能化和社会化,同样的工作,办公设备以及配套人员减少。同时随着人们环保意识的提高,办公空间必然向相对小型化的方向发展。从另外的角度看,随着成功企业的不断壮大和形成垄断以及一些巨大型项目的开展(如航天项目、国防管理等),又会出现一些超大型的办公空间,不过以同样的工作量看,空间也在逐渐变小。人员的减少,同时也使办公人员素质提升。高素质人员对环境和设备的舒适性一定

会有更高的要求,随之而来就是空间与设施舒适化的提高。人的舒适感觉分为生理和心理两个层面:生理方面是要求恒温、恒湿、空气净化的环境和更符合人体功能的各种设施;心理方面则是要求漂亮的环境和景观、能增加企业凝聚力的形象氛围和一些更人性化的装饰与设施。

1.4.3　绿色智能化

绿色智能化办公空间是一种设计趋势,可以通过加强通风节能、增加自然采光和创造循环独立发电系统等方式实现。

(1) 设计中给予办公建筑更多自然通风。

自然通风的最大益处首先是改善建筑内部空气质量。除了污染非常严重以至于室外空气不能达到健康要求的地点之外,应尽可能地使用自然通风来给室内提供新鲜空气,能更有效地减少建筑综合征(SBS)的发生。其次是能够降低对空调系统的依赖,从而节约空调能耗。

从 2010 年上海世博会各场馆的设计中了解到,自然通风技术已被充分采用。比如名为"冰壶"的芬兰馆(见附图 17),顶部的碗状开口设计,可以促进自然通风;丹麦馆的主展览区没有空调,主要通过悬空的建筑空间布局和外墙设计的小孔来形成自然通风,从而达到降温效果(见附图 18);宁波滕头馆也没有使用空调设备,而是环绕中央一个通透开放的天井而建,四面通风,即使炎炎夏日也独享一分惬意的凉爽(见附图 19)。

在办公建筑设计时我们一定要采用自然通风的设计,让建筑物充分自然降温,降低能耗。自然通风技术将传统与现代科技完美结合,让建筑物本身变成了一台"绿色空调"。

(2) 增加智能化采光。

卡内基梅隆大学的研究人员花 8 年时间实验设计的一款未来办公建筑新近在实验室里亮相。这款未来办公建筑外观圆滑,颇具欧洲风格,内部构造装饰时尚、先进,堪称"智能工作场所"。智能工作场所虽然终日被厚厚的玻璃挡住了外面的阳光,但是办公室内的每张桌子都可以接收到自然光。这些自然光来自智能办公室的天花板,天花板会将温暖的阳光反射到办公区域里。此前曾有研究表明,良好的日光效果可以使工作绩效增长 5%～25%。因此未来的智能办公室最大的优势之一就是可接收自然光。这种类型的办公建筑已经成为当今建筑的一种潮流,欧美不少国家已经开始开发并利用这种技术。

也许有人认为这样做需要投入更多的人力、物力,导致投资过高,但是该项目主管沃尔克·哈特克福表示事实并非如此。他说:"如果你把人们的工作绩效算在内,建造这种大楼其实是在给你省钱。"他还说:"我们的目标就是创造人们所需要的环境,包括空气、热量、光线和音响等人类环境改造学所涉及的方方面面。我们要同时满足人们的生理和心理的需要。"智能办公建筑还有一个优势,就是所有的工作间通风条件都很好,冬天不会太冷,夏天也不会很热,多余的热量会被墙壁上细管子里的水吸收,然后将热能转换成电能。夏天的时候,智能办公室会利用内部遮光和外部开天窗的方法达到冷却目的,同时每名员工还可以自己控制办公领域内的空气流通及冷热情况。而且,智能办公室内的所有墙壁和家具设备都是利用再生材料制造,员工可以重塑办公用具形状,并可进行重新搭配。例如,工作人员可以随时把办公室变成会议室等。

（3）创造循环独立发电系统。

创造循环独立发电系统是指绿色智能化建筑可以自动控制热量和光线。夏天没人住的时候,这种建筑会自动散发热量,而不需要电力冷却;冬天的时候,会让房间自我储存和收集热量,成为一个自动热源供应者。绿色智能化建筑还将结合生物燃料电池技术和能源循环利用技术,收集发电过程中散发的热量及太阳和大地发出的热量,共同发电。这样一来,建筑建成后就可以自主发电,免去了连接电网和购买电能的烦恼及花费。

（4）设计中充分利用植物。

办公空间绿色景观设计分为三部分:办公空间庭院绿化、办公屋面种植花园、办公屋顶构架绿化。营造出丰富的生态空间层次,并提供新鲜、清洁的空气(见附图 20、附图 21)。

在办公空间庭院中种植适宜当地气候的绿色植被,是将自然引入建筑、营造低碳式花园建筑不可或缺的措施,成为微气候过渡的缓冲空间。绿色植物的作用包括:夏季可吸收太阳辐射并减小地面对建筑物的反射,从而降低环境温度;冬季可阻挡寒风侵入,保持一定的温度和湿度。绿色植物还可清除空气中的氮氧化物和硫氧化物等污染物质,白天提供富氧环境、夜晚吸收二氧化碳降低碳的排放量。多雨的季节绿色植被还可吸收 70% 的雨水,通过透水种植砖,增加地下水的涵养。

如附图 22 所示,建筑上空设计了镂空的构架与飘板,可附着攀爬植物,与二层屋面的种植花园相互补充,形成立体的绿化体系,起到双层保温隔热的效果。绿色屋顶可以有效降低屋顶底表面温度,为办公室内的自然通风提供可能;浓荫还可以代替遮阳板起到防止太阳热辐射的作用;植被可以吸收二氧化碳而提高空气中的氧含量;屋顶绿化可以加强对气候的天然控制,具有保持比较稳定的室内温度和空气湿度的功能。植物屋顶还可以过滤环境空气中的污染物,滞留 50% 的雨水,通过蒸发自然地循环,减少对排水设备的依赖。此外,植物屋顶还有额外的隔声、消声功能,可以改善城市和办公建筑微气候环境(见附图 23)。

1.4.4　LOFT 办公空间

"LOFT"在牛津词典上的解释为"在屋顶之下、存放东西的阁楼"。现在所说的 LOFT 指的是"由旧工厂或旧仓库改造而成的、少有内墙隔断的高挑开敞空间",这个含义诞生于纽约苏荷(SOHO)区。现在办公空间中 LOFT 的内涵多是指高大而敞开的空间,具有流动性、开发性、透明性和艺术性等特征。自 20 世纪 90 年代,LOFT 逐渐成为一种席卷全球的艺术时尚。

20 世纪 40 年代,LOFT 这种居住生活方式首次在美国纽约的 SOHO 区出现。当时,艺术家与设计师们为了远离城市生活的枯燥与呆板,利用废弃的工业厂房,从中分隔出居住、工作、社交、娱乐、收藏等各种空间,在浩大的厂房里,他们构造各种生活方式,创作行为艺术,或者举办作品展,淋漓酣畅,快意人生。而这种厂房后来也变成了最具个性、最前卫、最受年轻人青睐的地方。在后来的发展中,LOFT 又附加出很高的商业价值,成为开办酒吧、艺术展的最好场所。同时,LOFT 的出现也改变了当时一些城市区域的功能,繁荣了商业。

LOFT 办公空间是利用一些过时的可能面临拆除的较大型的旧建筑,通过使用现代的具有科技感的材料,如大面积的玻璃、不锈钢,或再增加一些使用功能需要的材料(如木材、石材)、家具和设施等,重新装修的办公空间。这种装饰在我国最早是在 21 世纪初形成的,最具代表性的是北京的 798 艺术中心(见附图 24),而一些老牌工业代国家早在 40 多年前就已经兴起,就是当时的"后现代主义装饰风格"。有意思的是,当他们的旧厂房和旧仓库用得差不多的时候,随着人们环保意识日益加强,一种反对过分装饰的思潮又渐渐地与其吻合,而且,伴随建筑科学与工业技术的发展,建筑的框架和构筑用材在精确度和表面效果方面越来越完善,于是又兴起了许多新建的LOFT,至今仍极为流行。LOFT的产生,可归为两方面的原因:一是环保,随着社会的发展,必然有不少旧厂房因各种原因被遗弃,拆除它们需要大量的人力和物力,"废物利用"就是环保的一个重要原则;二是这些厂房往往也记载着一个区域的某段历史,甚至是曾经的辉煌,所以也是历史文化的一部分,只要在与现代环境协调方面进行认真设计,对其精华部分给予保留,有助于展示地区的文化底蕴。在我国,除北京的798艺术中心外,昆明的创库、上海的M50、杭州的LOFT49、广州的信义会馆及东莞的518、苏州工业园等都是有名的LOFT办公空间(见附图25、附图26)。

作业与思考题

(1) 通过实地考察或上网,对目前的办公空间使用功能和艺术形式进行调查,搜集文字和图片资料,加深认识。

(2) 了解和实地观察附近可售、可租的商业空间,选定一定的空间,设想成立自己的公司(或类似的经营单位),构想经营理念和对空间的使用要求,写成"设计要求书",自己作虚拟"甲方",通过抽签形式,交由同班的另外一位同学设计,进行互为"甲方乙方"的设计练习。

(3) 办公空间的未来发展趋势体现在哪些方面?

课题设计

[设计内容]

运用办公空间的最新现状及发展趋势中的任意一种,设计出在特定的一个空间中办公空间设计的初步方案。

[命题要点]

(1)办公空间的造型必须符合办公空间的最新发展趋势中的一种。

(2)办公家具尺寸符合人体工程学。

(3)注意运用形式美法则的特点。

［时间安排］

共四周

第 1 周:设计对象分析、查找资料和构思草图。

第 2 周:方案讨论。

第 3 周:方案的推敲。

第 4 周:展板的整理和后期设计说明的制作。

第 2 单元　办公环境空间要素设计

学习目的：办公空间造型元素与社会文化环境有关。当人们步入信息时代后，文化、审美甚至是生活的方方面面都发生了改变，理解办公空间造型美的法则，并能用这些原理指导办公空间设计是我们现在所必须掌握的学习任务。

学习重点：

1. 理解办公空间造型基本概念，运用这些原理指导具体办公空间设计；

2. 通过研究理解办公空间美的形式法则，拓展办公空间设计的创意思维。

2.1　办公室内空间的设计元素

一个建筑师在表现室内空间时，颜色、灯光、材料等在质感上都可以丰富空间，不需要刻意利用装饰物来表达空间。在办公空间当中，点、线、面、体、光、色、质等，都是构成办公室内形态的基本元素。

2.1.1　点

在办公空间中，相对于周围背景而言，足够小的形体都可认为是点。如某些办公家具、灯具相对于足够大的空间都可以呈现点的特征。空间中既存在实点也存在虚点，如墙面的门窗孔洞及装饰物等均为虚点（见附图 27、附图 28）。

单一的点具有凝聚视线的效果，可处理为办公空间的视觉中心，也可处理为视觉对景，能起到中止、转折或导向的作用（见附图 29）。两点之间产生相互牵引的作用力，被一条虚线暗示（见附图 30）。三个点之间错开布置时，形成虚的三角形面的暗示，限定开放空间的区域（见附图 31）。多个点的组合可以成为空间背景以及空间趣味中心（见附图 32）。点的秩序排列具有规则、稳定感；点的无序排列则会产生复杂、运动感。通过点的大小、配置的疏密、构图的位置等因素，还能在平面造成运动感、深度感，并带来凹凸变化（见附图 33）。点的形状不仅有圆点，还有其他形状的点，在办公空间不同的界面上形成丰富多彩的视觉效果(见附图 34、附图 35)。

2.1.2　线

　　点的移动形成了线。线在视觉中可表明长度、方向、运动等概念,还有助于显示紧张、轻快、弹性等表情。在办公室内空间中作为线的视觉要素有很多,有实线如柱子、形体的线脚等,有的则为虚线如长凹槽、带形装饰等,在不同的空间中,线作为结构形式出现,给办公空间增添了些设计的趣味性。

　　在办公空间设计中常见的线分类包括:直线(水平线、垂直线、斜线)(见附图 36～附图 38)、几何曲线(圆、弧线、抛物线)(见附图 39～附图 41)、有机曲线(螺旋线、涡形线)(见附图 42)、自由曲线(任意形)(见附图 43)等。

　　线条的长短、粗细、曲直、方向的变化产生了不同个性的形式感:刚强有力或柔情似水,给人不同的心理感受。直线在方向上有垂直、水平和倾斜三种形态。垂直线意味着稳定与坚固;水平线代表了宁静与安定;斜线则产生运动和活跃感。曲线比直线更显自然、灵活,复杂的曲线如椭圆、抛物线、双曲线等则更显得多变和微妙。线的密集排列还会呈现半透明的面或体块特征,同时会带来韵律、节奏感。线可用来加强或削弱物体的形状特征,从而改变或影响它们的比例关系,在物体表面通过线条的重复组织还会形成种种图案和肌理效果。

2.1.3　面

　　面属于二维形式,其长度和宽度远大于其厚度。室内空间中的面如墙面、地面及门窗等,既可能是本身呈片状的物体,也可能是存在于各种体块的表面。作为实体与空间的交界,面的表情、性格对环境影响很大。面在空间中起到阻隔视线、分隔空间虚实程度的作用,决定了空间的开敞或封闭。面有垂直面、水平面、斜面和曲面之分,常见的面分类如下。

　　(1) 平面。

　　平面包括水平面、垂直面和斜面。水平面比较单调、平和,给人以安定感(见附图 44);垂直面有紧张感(见附图 45);斜面则呈现不安定的动态感(见附图 46)。

（2）几何曲面。

几何曲面具有柔和、亲和力强的特点,有直纹曲面(见附图 47)、非直纹曲面(见附图 48)、自由曲面(见附图 49)等。

曲面的主要特征是它的形状的特殊性。形状可分为几何形和非几何形两大类。长方形是最常见的几何形(见附图 50)。圆形是一个集中性的、内向性的形状。在所处的环境中,圆通常是稳定且以自我为中心的。圆形空间或大厅常用于纪念性建筑中。圆形空间给人强烈的围合和包容感,穹隆顶是圆形大厅常用的屋顶形式,更增加了包容感。屋顶也可以局部运用圆形的大型吊灯约束空间(见附图 51)。三角形意味着稳定性。由于三角形的三个角是可变的,三角形空间比长方形更灵活多变(见附图 51)。非几何形是指那些各组成部分在性质上不同且以不稳定的方式组合在一起的形。不规则形一般是不对称的,富有动态。不规则的曲线形空间意味着自由和流动,善于表现形态的柔和、动作的流畅以及自然生长的特性(见附图 52)。

2.1.4　体

面的平移或线的旋转轨迹就形成了三维形式的体。体不仅由一个角度的外轮廓线所表现,而且也是对从不同角度看到的视觉印象的综合叠加。体具有充实感、空间感和体量感。在办公室内空间中既有实体,也有虚体。

实体厚重、沉稳,虚体则相对轻快、通透。正方体和长方体空间清晰、明确、严肃,而且由于其测量、制图与制作方便,在构造上容易紧密装配而在建筑空间中被广泛应用;球体或近似形状的曲线体圆浑、饱满,但与特定功能的结合较为困难(见附图 53);三角形体块可通过切削、变形等分解、组合手段衍生出其他形体,丰富视觉语言,满足各种复杂的使用要求。体常常与"量""块"等概念相联系,体的体量感与其造型及各部分之间的比例、尺度、材质甚至色彩有关,例如粗大的柱子,表面贴石材或者不锈钢板,体量感会大有不同。另外,体表的装饰处理也会使其视觉效果发生相应的改变。

用虚体构成的办公开放空间,被制作成分区隔断、存储空间和书架等家具陈设(见附图 54)。运用同一种材料和相对简单的施工方法创造出一个多样化、多功能的空间,使得它的开放与封闭都具有更好的层次感。如附图 55所示,办公室内设计和空间用途相互交融,完美融合,办公空间的节奏变化起伏非常动人。

2.1.5　光

光可以形成空间、改变空间甚至破坏空间,它直接影响到人对物体大小、形状、质地和色彩的感知。光的亮度与色彩是决定空间气氛的主要因素。光的亮度会对人心理产生影响。理想中的办公空间是在节能环保、节约开支的前提下,可以让员工的工作效率更高;而员工工作起来不会感到累,反而觉得舒服和心情愉快……现在集前台、接待、会客及其他不同职能部门于一体的开敞式办公空间,照明不仅要满足办公照明的基本要求,还应该满足办公空间的个性化、节能、环保、高效等多方面需求,也就是要全面实现绿色办公的"三更"目标——更节能、更高效、更舒适。

(1) 更节能。

办公空间内的照明方式应该严密结合天花板和地面场地摆放:不仅仅可以用传统的嵌入式灯具,还可以用大面积发光天花板、吊线或轨道式灯具,并且在灯具和光源的选择上,更应遵循高效节能的原则。如广泛应用于办公空间的新一代 T5 高效格栅灯盘系列,其水平照度提升了 40%,整体灯具效率达到 75% 以上,远高于一般格栅灯盘,保证了良好的办公照明亮度。同时,又可以通过对眩光的控制,为使用者营造更舒适的办公空间。

(2) 更高效。

现代开敞式办公空间中的人数较多,为方便工作位置的调整以及满足工作人员的视觉需求,不仅需要均匀、柔和的照明环境,更需要高效的照明空间。

针对性的照明空间设计方案是实现高效照明的重要途径之一。如针对有大型落地窗的办公室,可设置调控系统,将照度控制在 300～800 lx,白天的照明以窗外的自然光为主,只需要在内部进行补光。随着天气或时间的变化,系统可根据感应到的外界光线变化进行智能调控,从而减轻过亮或过暗的照明环境对工作的影响。此外,灵活组合的照明方式,有助于提高照明空间的高效性。

(3) 更舒适。

现代开敞式办公空间的照明设计的主张是既要照得亮,更要照得舒服。节能高效固然重要,但舒适的光感也是不可或缺的。能够让每一个置身于空间中的人都感到舒适,才是照明设计的初衷(见图 2-1)。

图 2-1　上海朱周设计工作室

　　利用光的作用,可以加强空间的趣味中心,也可以削弱不希望被注意的次要地方,从而进一步完善和净化空间。光的形式可以是从尖利的小针点到漫无边际的无定形式,光与影本身就是一种特殊的艺术形式。当光透过遮挡物,在地面撒下一片光斑,光影交织,疏疏密密不时变换时,这种艺术魅力是难以言表的。我们可以通过照明设计,以生动的光影来丰富室内空间,使光与影相得益彰,交相辉映(见图 2-2)。

图 2-2　LED 灯点光源的运用

　　光既可以是无形的,也可以是有形的。大范围的照明,如天棚、支架照明,常常以其独特的组织形式来吸引观众。如办公空间连续的带状照明,使空间更舒展。明亮的顶棚还能增加空间的视觉高度。现代灯具都强调几何形体的构成,在基本的球体、立方体、圆柱体、角锥体的基础上加以改造,演变成千姿百态的形式,同时运用对比、韵律等构图原则,达到新颖、独特的效果。但是在选用灯具的时候一定要和整个室内环境相统一,决不能孤立地评定优劣。现代建筑为了充分利用空间,采用自然采光已变得奢侈,因此灯光效果成为设计中的一个重要表现手法。在进行办公空间设计时,经常用灯光创造出天然采光的效果。有时,用灯光让一面墙变成一个立体的发光体,使空间活泼而具有艺术感。如耐克上海办事处有一条走廊,完全利用背光营造出自然光线的效果(见图 2-3)。

图 2-3　耐克上海办事处走廊

2.1.6　色

在办公空间设计中,办公空间色彩是接待客户、展示企业文化的重要部分。让客户进入办公室后就能感受到该企业的魅力,从而增加客户对该企业的好感度。因此,好的办公空间色彩的选择极其重要。色彩和形状是各式各样形态的视觉根本性质。光是色彩的根源,没有光,色彩也不复存在。色彩具有三种属性,即色相、明度和纯度,三者在任何一个物体上都是同时显示出来、不可分离的。实体色彩上的变化,可以由光照效果产生,也可以由环境色及背景色的并列效果产生。这些因素对室内空间设计十分重要,在设计时不但要考虑室内空间各部分的相互作用,还要考虑色彩在光照下的相互关系。

色彩最能引起人们心理上的共鸣,主要反映在以下四方面:①可以使人感觉到进退、凹凸、远近感觉的是色彩的距离感。暖色系和明度较高的色彩具有前进、凸出空间的效果,而冷色系和明度较低的色彩则具有后退、凹进的空间效果。在室内空间设计中常常利用色彩的这些特点去改变空间的大小和高低。②色彩具有尺度感,主要由色相和明度两个因素决定。暖色和明度高的色彩具有扩散作用,因此显得物体大,而冷色和暗色的色彩则显得物体小。不同的明度和冷暖有时也通过对比作用显示出来,室内不同家具、物体的大小和整个室内空间的色彩处理之间有着密切的关系,因此可以利用色彩来改变物体的尺度、体积和空间感,使室内各部分之间关系更为协调。③色彩的重量感主要取决于明度和纯度,明度和纯度高的色彩显得较轻,如桃红、浅黄色。在室内设计的构图中常以此达到平衡和稳定的需要。④色彩的温度感是和人类长期的感觉经验一致的,如红色、黄色感觉热;青色、绿色感觉凉爽。色彩的冷暖还具有相对性,如绿色要暖于青色。通过色彩的重复、相互呼应、相互联系,可以加强色彩的韵律感和丰富感,使办公室内色彩达到多样统一而不单调,色彩之间有主有从,形成一个完整和谐的整体。

2.1.7 质

所谓质感,即材料表面组织构造所产生的视觉感受,常用来形容实体表面的相对粗糙和平滑程度,也用来形容实体表面的特殊品质,如粗细、软硬、轻重等。每种材料都有不同的质感特征,这也有助于表现实体形态不同的表情。例如木材、藤材、毛皮等材料松弛,组织粗糙,具有亲切、温暖、柔软等的特点;混凝土、毛石具粗犷、刚劲,坚固的特点;抛光石材、玻璃、金属材料更具有细密、光亮、质地坚实,组织细腻的特点。

每种材料都存在触觉和视觉两种基本质感的类型,可通过触摸来感受的是触觉,如软硬、冷暖等。而在许多情况下,单凭视觉方式就可以感受物体表面的触觉特征,如凹凸感、光泽度等。

肌理与质感是紧密联系的设计要素。肌理既可由物体表面的介于立体与平面之间的起伏产生,也可以由物体表面无起伏的图案纹理而产生。图案是装饰性图样或者物体表面的装饰品,它几乎总是以图案母本的重复为基础的。当物体表面重复性图案很小,以至于失去其个性特征而混为一团时,其质感会胜过图案感。

肌理依附于材料而存在,能够丰富材料的表情。不同表面肌理会给人不同的质感印象。同一质感的材料可形成不同的肌理:材质本身的"固有肌理"和通过一定的加工手段获得的"二次肌理"。办公空间室内装饰材料一般会以材料本身内在特征或特定生产工艺形成的"固有肌理"展现,如木纹、织物的编织，砌砖形成的肌理，具有自然本色的外观；而结构层的表面进一步加工出新的球或纹饰，如雕刻、印刷、穿孔等手段，便又形成了另一种效果，即所谓的"二次肌理"。

肌理越大，质地会越粗，粗肌理会显得含蓄、稳重、朴实。同时被覆盖的物体会产生缩小感；反之会产生扩张感。即使特别粗糙的肌理，远看也会趋于平整光洁。细腻材料的肌理会显得柔美、华贵，会使空间显得开敞，甚至空旷。粗大肌理或图案会使一个面看上去更近，虽然会减少它的空间距离，但同时也会加大它在视觉上的重量感。大空间中，肌理的合理运用可改善空间尺度，并能形成相对亲切的区域，而在小空间里使用任何肌理都应有所节制。运用不同的质感对比，可加强空间的视觉丰富性；无质感、肌理变化的空间，往往易产生单调乏味之感。

很多办公空间在材质上有特别精心的搭配，Soft Citizen 是加拿大一家知名的电影制作公司，公司规模不大，但以创意取胜。如图 2-4 所示，这个设计最核心的内容就是对材料的混搭运用，特别是对一些建筑材料的原生态运用。设计师以突破传统的方式，把不同颜色和纹理的木块搭建成柱子，合理地分割空间（见图 2-5）；一些有着特殊纹理的建筑废料，有的甚至还带着铜绿，形成了别致美观的室内分隔效果（见图 2-6）。重视环保和再生材料的运用也是整个办公空间设计中的一个重点。室内环境中的材料"混搭"出现在很多地方，比如苍老的枝干和涂鸦风格的墙纸，这种糅合了怀旧风格、现

图 2-4　Soft Citizen 办公空间设计

图2-5　木块搭接的柱子　　　　　　图2-6　特殊纹理带来的室内分割效果

代风格和当地特色家具的布置尽最大可能地满足每一个人的需求。办公室里到处可以看见破旧的木板、没有粉饰的水泥建筑构件、各式各样的线团、色彩鲜艳波普图案、简洁实用的灯具和朴素的家具，体现了实用主义的理念。

我们常说，设计必须考虑到私密性、安全性和一致性。在这个混搭风格的办公室里，没有任何不协调的感觉，在实用至上的理念的领导下，所有物体都可以共同存在。

2.2　办公空间设计的形式法则

办公室内设计包括对空间设计元素的选择以及在一个空间中它们的排列情况，以便满足功能和美学的需求。在空间中，没有一个部分或元素是单独存在的。所有的局部形式元素都会在视觉冲击力、功能和意义等方面相互依赖。因此我们要考虑在办公空间中设计元素之间所建立的视觉关系，主要包括以下内容。

2.2.1　尺度

尺度与比例是两个非常相近的概念,都用来表示事物的尺寸或形状。比例是物体本身一个部分的大小与另外一个部分的大小或一个部分的大小与整体的大小之间的数学关系,比如 2∶1;而尺度是某物比照参考标准或其他物体时大小的相对关系,比如 2 m 对 1 m。尺度是与空间的形状、比例相关的概念,直接影响着人们对于空间的感受。简单地说,比例通常被说成是适宜的或不适宜的,而尺度则说成大或小,如尺寸不到或太过了。因此尺度重点在强调人与室内空间比例关系所产生的心理感受。

我们通常把尺度描述成大或小,总是相对于其他参照物而言。许多参照物的尺寸和特点是我们熟知的,因而能帮助我们衡量空间和周围其他要素的大小,是度量空间的尺子。人体尺度是建立在人体尺寸和比例关系基础上的,可以利用具有人文意义的要素,例如桌子、椅子、沙发或者楼梯、门、窗等帮助我们判断空间的大小,还可以使空间具有适宜人使用的尺度。如在衡量楼梯踏步的高度时,会用人们所习惯的高度尺寸作为标准。

在办公空间,无论形状如何,都被它的空间高度和屋顶、天花板的形状强烈地制约。低矮的办公空间可能看上去舒适而有人情味,也可能是沉闷的。通常认为高度既可以给空间增添开放的感觉,也可导致其丧失所需的亲密感。当空间尺度大于人体尺度很多倍时,就会给人带来超常的尺度感(见图 2-7)。

图 2-7　用家具衡量办公空间下的尺度

2.2.2　平衡

　　均衡也是办公空间中常用手法。均衡是指造型中心轴的两侧形式在外形、尺寸不同,但它们在视觉和心理上感觉均衡,在办公空间造型中,我们采用均衡的设计手法,使空间造型具更多的可变性与灵活性,同时,需要注意的是除了空间的均衡外,由于办公空间是在特定的建筑环境空间中,家具与电器、灯具、书画、绿化、陈设的配置,也是取得整体视觉均衡效果的重要手法。

　　办公空间中常用轴对称、中心对称与非对称这三种类型。沿一条轴线左右对应地安排相同的空间、十分相近的元素,便可得到轴对称关系(见图2-8)。轴对称的视觉效果简单明了,有助于显示稳定、宁静、庄严的气氛。中心对称是由某种空间、构件围绕一个实际或潜在的中心点旋转而形成的放射式平衡,犹如石块落入池塘所形成的阵阵涟漪。中心对称形成向心式构图,中心地带常作为焦点加以强调,是一种静态的、正式的均衡式样。

　　非对称的构图元素无论是尺寸、形状、色彩还是位置关系都不追求严格对应关系,追求的是一种微妙的视觉平衡(见图2-9)。这种平衡较难获得,但比对称形式更含蓄、自由和微妙,可表达动态、变化和生机勃勃之感。非对称更容易因地制宜,适应不同的功能要求、空间和场地条件。现代设计师更喜欢均衡美而不是容易显得呆板的对称美。

图2-8　办公空间轴对称平衡吊顶　　　　图2-9　办公空间非对称平衡台阶

2.2.3　韵律

　　韵律是自然事物的自然现象和美的规律,是表达动态感觉的重要手段。空间与时间要素的重复产生了韵律。但这种重复不是一成不变的简单重复,而是有着渐变、或母体的交替等变化,是相同、相似的因素有规律地循环出现,或按一定的规律变化。韵律造成视线在时间上的运动,使人的心理情绪有序律动而感受到节奏,这种律动或急促、或平缓,使空间充满动感和生机。过多的重复有可能导致呆板和单调,而过于复杂的韵律会使空间显得杂乱无章(如图 2-10、图 2-11)。韵律的形式有连续韵律、渐变韵律、起伏韵律和交错韵律。

　　韵律是人们在艺术创作实践中被广泛应用的形式美法则。节奏、韵律与和声一起构成音乐上的三大要素。同样,韵律也是构成室内空间造型的主要形式美法则。

图 2-10　韵律感镂空吊顶与凹凸砖墙　　　　图 2-11　办公空间韵律感休息区吊顶

2.2.4　强调

　　为突出办公空间的主题或中心,必须强调空间中的关键部分,进行重点表现。若要使空间中的某一元素或视觉特征成为空间的重点,可以通过造型、色彩、肌理、尺度、位置、照明对比等方法加以强调,其他从属元素则要弱化和有所节制。在室内办公空间设计中通常使用各种手法突出强调一个部位的视觉分量,吸引人们的注意力。如在前台接待区背景墙设计、办公家具设计采用对比强烈或不规则的造型,超常尺度和比例,鲜明的对比色彩和反差强烈的肌理和极精致的细部等(见图 2-12~图 2-14)。

图 2-12　墙体肌理质感的不同设计形成空间主题中心

图 2-13　精致的办公柜细节形成空间的中心

图 2-14　家具的特点形成空间的中心

　　办公空间中的重点也是相对而言的,没有一般也不会形成重点,重点与一般应容易区别,同时也应避免过于突兀,设计中要注意必要的平衡与呼应。重点强调某个局部可以形成空间高潮,打破单调,加强变化和多样性。没有重点的空间单调、呆板而且乏味,但过多的重点则容易难辨主次、喧宾夺主。

2.2.5　统一与变化

　　统一与变化是适用于各种艺术创作的一个普遍法则,同时也是自然界客观存在的一个普遍规律。在自然界中,一切事物都有统一与变化的规律,宇宙中的星系与轨道,树的枝干与果叶,一切都是条理分明,井然有序的。这是自然界中的统一与变化的本质,反映在人的大脑中,社会形成美的观念,并支配着人类的一切造物质活动。构成空间的各要素在造型、色彩、质感、材料、尺度、位置等方面视觉特征的一致性形成了统一,取得视觉统一最简单的方法是重复。重复可以把不相关的要素组合起来,使它们相互靠近、围合、成组,形成视觉上的整体。通过建立视觉中心、对称轴、靠拢组团、赋予空间的重点和高潮等手段,能够统一纷乱的构成元素,获得和谐、理性与规律性。

统一与变化是矛盾的两个方面，它们既相互排斥又相互依存。统一是在空间设计中整体和谐、条理、形成主要基调与风格。变化是在整体造型元素中寻找差异性，使空间造型更加生动、鲜明、富有趣味手法。但过于强调元素的相似，统一就会变得千篇一律，变得单调、呆板和乏味。应注意平衡、和谐及韵律，在增强整体统一的同时追求对比、变化和趣味。在统一的空间中通过一些对比变化，求得生动，使其呈现活泼感和趣味性。空间中的主题、重点也能通过对比而获得。然而这种求变手法对比过于强烈时，又将会带来视觉上的混乱。在空间设计时统一与变化需要相互协调，保持一种平衡（见图 2-15、图 2-16）。统一是前提，变化是在统一中求变化。

图 2-15 办公空间会议大厅室内吊顶和地毯图案统一中又有变化

图 2-16 统一与变化

2.2.5.1　统一

把各有差异的部分有机的结合在一起,使造型达到完整一致的效果。在办公空间造型设计中,主要运用线的协调、形的协调、色彩的协调,用空间中次要部位对主要部位的从属来烘托主要部分,突出主体形成统一感。它是寻求同一因素中不同程度的共性,以达到相互联系、彼此和谐的目的。统一是产生次序的手法之一,但过分统一也会造成作品的单调,呆板从而缺少生气。所以在统一的同时,还必须注意到变化的问题。

2.2.5.2　变化

变化是在不破坏统一的基础上,把同一因素中不同差别程度的部分组织在一起,产生对照和比较,突出办公空间某个局部形式的特殊个性,使其在整体中表现出明显的差别,以实现和加强办公空间的感染力。室内空间设计在空间、形状、线条、色彩、材质等各方面存在差异,在造型设计中,恰当的利用这些差异,就能在整体风格的统一中求变化,变化是办公空间设计中的重要法则之一,变化在室内造型设计中的具体应用主要体现在对比方面,几乎所有的造型要素都存在着对比因素。如:

线条——长与短、曲与直、粗与细、横与竖。在同一造型上,用不同类型的线条会使造型富于变化。

形状——大与小、方与圆、宽与窄、凹与凸。使造型主次关系分明,式样特点突出。但变化关系不明显,达不到生动的效果,而变化太强烈,又会失去统一感。

色彩——冷与暖、明与暗、灰与纯。用同色相,中、低明度,中、低纯度的色彩取得统一,设少量对比变化。

肌理——光滑与粗糙、透明与不透明、软与硬。以同质取得统一,有时少量不同质感作为衬托。

形体——开与闭、疏与密、虚与实、大与小、轻与重。以直线形态为主要形式取得统一,设少量曲线形态以丰富造型;主体形态种类以少为佳,力求统一;加体量小的异样形态求变化。

方向——高与低、垂直与水平、垂直与倾斜。直线、矩形、纹理主要安排为统一方向,设少量反方向对比。

2.3　办公空间形态设计

2.3.1　公共工作环境

　　开放办公区域作为群体工作的场所,根据现代办公空间的理念,强调打破传统的部门之间的隔阂,促进工作中人与人之间的相互认识和良好的互动,建立合作精神,但开放办公并不意味着整齐划一的简单工作单元的排放。而是在设计时,利用现代办公家具的灵活多变的组合功能,根据部门人员配置及配套设施的功能需求进行组合,根据现场环境情况,在空间中分为若干个工作区域。开放式环境有利于员工之间保持良好的沟通,但由于每个人的工作都处于公众视线之内,工作的自律性较小,也会降低个人的能动性和积极性的发挥,所以,公共办公室设计空间中家具、间隔的布置,既需要考虑个人的私密性和领域要求,又要注意人员之间交往的合理距离。同时,所有的空间布局都应当以增加空间利用率和家具使用率为原则。即使在一些不规则的、富于变化的平面布局中,实际上也是建立在有机的空间内使用标准化的办公家具单元组合而成的。

2.3.2　交流区

　　当代社会,随着竞争的日益激烈,人们停留在办公室里的时间越来越长。长期处于工作状态中的人们,更加渴求与他人的沟通和交流,来缓解长时间工作所带来的精神压力。在办公空间的设计中应体现以人为本的原则:一方面,在开放的办公空间中可以设计小型的半开放的空间,配备小型的、可组合的桌和坐椅及网络通信设施;另一方面,茶水间、阅览室等传统概念中的附属空间在满足自身功能需求之外,同样也可以承担起这一职责。这些空间作为工作人员之间或与客户之间“非正式”的洽谈场所,有利于人与人之间的信息交流和相互了解,增强了交流环境的都市氛围,使人们的工作交谈更加轻松(见图 2-17)。

图 2-17 交流区

2.3.3 交叉空间

传统的"密度效率""空间效率"强调在有限的空间内,最大化地设置工作单元的数量。而现代的办公空间设计则以创造更舒适、更轻松的工作空间,提高人们的工作热情和提升机构的良好形象为目标。交叉空间是"城市化"的室内空间,以内街或广场等建筑概念将空间划分出内外区域,这些相对独立的内部空间根据功能需求,可以被设置成展示厅或打印室,或者人们临时聚集的空间等功能不同的区域。由此产生的空间形态不再是整齐密集的空间划分,而是通过灵活多样的空间分隔创造出的独特的工作环境。例如位于上海市建国中路的建筑8号桥,是在旧工业厂房的基础上建立起来的"时尚创作中心"。改造时保留了旧厂房的结构及工业老建筑所特有的底蕴,同时又融入了全新的建筑文化理念,建成了一个激发创意灵感、吸引创意人才的新建筑空间。名为8号桥,但其实是7座建筑物的连成体,整个园区由四个不同主题的公共空间构成,形态各异,神韵独特。办公楼都由天桥相连,方便租户之间的沟通与联络。8号桥的建筑风格富于创新,其新旧结合的创造展现出独特的魅力风尚,同时整个空间充满了工业文明时代的沧桑韵味。从大门口处法国艺术家创作的大型雕塑《绿门》,到灰砖外墙上鲜亮的玫瑰红色块,以及内部歌剧院般的层叠式休闲吧,都力求个性化十足、自由度更高,同时又能提供方便的办公场所。房顶依然采用尖顶瓦面,设计师巧妙设计了矩形玻璃天窗,以保证室内良好的采光。每个办公楼的每个空间都让人感觉高挑、宽敞,布局错落有致。这里最独特的地方是园区设计师留出了很多"租户共享空间",如商务中心、休闲后街、阳光屋顶等,可以给租户提供许多互动空间,使不同领域的艺术工作者和各类时尚元素在这里互相碰撞,激发灵感和创意(见图 2-18~图 2-22)。

图 2-18　玻璃门的应用　　图 2-19　8 号桥的空间效果　　图 2-20　由玻璃划分的彩色空间

图 2-21　起空间围合作用的玻璃　　　　图 2-22　通透的玻璃廊房

2.3.4　流动空间

流动空间包括走廊、通道等非工作区域。为了促进人们的交流与协作,设计应尽量消除通道与办公区的界限,利用通道等附属空间使办公和交流相结合。在这些区域内设置舒适的休闲设施、配套的网络通信设备,增加员工的自由度,提供即兴的聚集地,使办公环境更加灵活。在工作人员或客户从办公空间的一端走到另一端的过程中,界面的艺术陈设等视觉装饰及色彩能带给人一种"体验",加强对室内环境的视觉感受(见图 2-23~图 2-25)。

图 2-23　走廊流动空间

图 2-24　通道流动空间

图 2-25　ANZ 中心

2.4　办公心理环境设计

现代室内设计理念不再将人与环境看作是相互独立的,而是强调以人为本,研究办公空间中人的工作状态及行为习惯。20 世纪 50 年代,美国心理学家马斯洛提出了"需要层次理论"。联系到办公空间室内设计来看,除了应当满足办公空间中与人们呈显性相关的物理环境、生理环境和视觉环境这些基本需要之外,更应该关注与人们呈隐性相关的心理环境因素,满足人们的心理需要。办公空间作为人群长期共同工作、交流的场所,人们的心理、行为因素涉及办公空间的形式、尺度、动线流向。个人的心理因素、人与人的心理影响和交流、人与环境的相互影响构成了办公心理环境的体系。因此,办公空间的设计应当结合办公行为的特点,根据人的心理因素去研究如何组织空间布局,如何设计空间界面、色彩、照明、办公家具及配套设施等内容。

2.4.1　领域感与人际距离对空间的影响

在办公空间中,人们最常见的两种行为状态是工作与交流。不同的行为状态要求有相应的生活和心理范围与环境,由此产生了领域感和人际距离的概念。

领域感是个人为满足某种需要而占有一个特定的"个人空间"范围,并对其加以人格化和防卫的行为模式。在开放式办公空间和景观式办公空间中,员工们在开敞的空间中一起工作,并没有单间办公室中由隔墙所形成的"实体边界",这时个人空间的范围无形中形成了一个"虚体边界",由此获得了个人领域感的最小范围。想获得更大范围领域感则是通过室内空间界面的装修形成实体边界而实现的,办公空间中常以虚实墙体、隔断、办公家具和绿化陈设来实现丰富的空间。同时这些实体边界不仅提供领域感和私密性,还表明了占有者的身份。如单间办公室则多为级别较高的领导所使用;通过墙体分隔的单间办公室其领域感和私密性就比隔断分隔要强,隔断本身的长度高低也可以反映领域感和私密性的大小及强弱程度,随着个人需要层次的不同,领域的特征和范围也不同。特别是在公共场合或工作环境中,明确各人的范围,使人能看到个人控制或占有的范围十分重要,因此把握办公空间中各个领域的度便成为办公空间设计的关键。

人际距离感是个人空间领域自我保护的尺度界定。较之领域感关注的是个人空间的边界,人际距离感则更加强调人与人之间所形成的间距。人们总是根据亲疏程度的不同来调整人际交往中人与人之间的距离。1966年,人类学家霍尔在其著作《看不见的向量》中提出了"接近学"的概念。霍尔根据人们之间的心理体验,按照人与人交往的亲疏程度,将人与人之间的间距划分为密切距离、个人距离、社会距离和公众距离 4 种心理距离。在空间划分时应考虑在不同行为状态下,适当的人际距离所需要的空间尺度。

2.4.2　私密性与尽端趋向

私密性的需求是人的一项基本心理需求,它在心理学上被定义为个人或人群可调整自己的交往空间,可控制自身与他人的关系,保持个人可支配的环境,表达自己和与人交往自由的需求,即个人有选择独处与共处的自由。在综合性的办公空间中,如休息室、茶水间、酒水吧等。这类空间是具有高情感,高凝聚力的办公空间所必需的,同时也是办公空间是否人性化的重要标志。空间的多种多样,使办公形态也呈现出灵活多变、丰富多彩的局面,而且同时满足人们对私密性及公共参与的需求。在开放办公区的工作单元的安排上,注意人们"尽端趋向"的心理要求,尽量把工作位设置在空间中的尽端区域,即空间的边、角部位,避免在入口或人流活动频繁的地点设置工作位。人们可以方便地选择独处与参与,这就涉及到对办公空间中封闭与开敞的处理、创造多功能的可供选择的空间,因此办公空间中还应该保持私密空间与公共空间的有效过渡或柔性接触。设计者应充分考虑个人所需要的心理环境,给人以舒适、安定的氛围,避免干扰,提高工作效率。

2.4.3　空间的归属感

对于工作在同一个开放空间的人们来说,过于空旷和开放的工作环境会使人产生孤独和空疏的感觉。人们通常会借助空间中的依托物来增强归属感和安全感。

在设计时,设计者应合理利用文件柜、柱子、隔断、绿色植物等室内构件来界定空间的领域,或者利用地面颜色、照明、材质的变化对不同的空间进行界定和区分。这样可以使人的活动更加轻松自然。

很多创意办公空间更需要空间的归属感。狂奔于追寻灵感与梦想的路上的设计者,考虑应该在什么样的办公环境去寻觅、采撷。设计工作中很多灵感源自于办公环境与氛围,一个真正属于创意工作形态的办公空间会给灵感带来更有利的条件与更好的价值感,例如 LOFT 式外露的天花板结构,极具质感的色彩趋势材质墙,让人感觉轻松的沟通分享空间(见图2-26),头脑风暴的专属区域(见图 2-27),图书杂志阅读以及休闲设施(见图2-28)等。午后的暖暖阳光、蔓延的绿色植物、一杯热茶或咖啡,一个惬意的环境使设计师轻松地激荡出灵感、创意。放松与缓解早已替代传统办公的严谨与压抑,使员工对办公空间更有归属感。

图 2-26   沟通分享空间

2.4.4   空间形态对心理的影响

员工工作时的精神状态是影响工作效率的重要因素。而由界面造型、色彩、灯光环境构成的空间形态,对工作人员的心理会产生很大的影响。对于空间形态的研究,首先要强调的是空间的尺度。空间的形状与空间的比例、尺度都是密切相关的,直接影响到人对空间的感受。室内空间是为人所

图 2-27 办公空间头脑风暴区域

图 2-28 办公空间阅读区

用的,是为适应人的行为和精神需求而建造的。因此,在可能条件下,我们在设计时应选择一个最合理的比例和尺度。室内空间的塑造可以理解为在原有的固定空间中的创造,其基本的构成形式与建筑的构成形式基本相同,但是通过排列、组合、删减、遮盖等手法的处理后可给人造成不同的心理影响。例如,以水平、垂直线为主的空间会给人以沉稳、冷静的感受;而在以斜线、多角度的不规则空间内人们则会感受到动态和富于变化。因此,室内办公空间的形态需要符合人的工作方式和心理特征,同时,根据环境对人的心理暗示作用,利用环境对人的行为进行引导。

作业与思考题

(1) 办公室内空间的设计元素有哪些?学会运用这些元素分别对不同的办公空间进行设计。

(2) 怎样运用办公空间形式美法则来设计办公空间?

(3) 查找资料,了解办公空间的空间类型,并进行归类。

课题设计

[设计内容]

运用办公空间造型元素的方法,设计出在特定的一个空间中完全运用元素所设计的初步方案。

[命题要点]

(1) 办公空间的造型必须符合要素造型方法中的一种。

(2) 办公家具尺寸符合人体工程学。

(3) 注意运用形式美法则的特点。

[时间安排]

共四周

第1周:设计对象分析、查找资料和构思草图。

第2周:方案讨论。

第3周:方案的推敲。

第4周:展板的整理和后期设计说明的制作。

第3单元　办公空间的功能分区及其配置

学习目的：办公空间的设计，无论是在空间尺度上，还是在相关设施方面都有其专业性和特殊性。因此，功能的合理性是办公空间设计的基础。只有了解企业内部机构的结构才能确定各部门所需的面积，设置并规划好人流线路。

学习重点：

1. 了解办公空间的功能分区面积大小及其设计特点；
2. 学习设计办公空间室内陈设布局。

3.1　办公空间的功能分区及其特点

在进行办公空间的功能设计时，交通组织主要是指办公人员的流线、内部管理人员的流线、来访者流线、其他外来人员流线及内部货物流线，其中涉及各类人、车、物流在平面上交叉。首先，要做到各行其"道"；其次，各类人员的主要出入口在空间组织时，能较为明确地分区；最后，避免其他功能用房对办公空间的干扰和影响。

办公空间的功能设计如图 3-1 所示。功能区域的安排，首先要符合工作和使用的方便。从业务的角度考虑，通常的布局顺序应是：门厅，等候室，洽谈室，工作室，审阅室，业务经理室，高级经理室，董事长室（见图 3-2）。如果是楼层，则从低层至高层顺排，确定固定设施在每个楼层的位置和占用面积，再列出同一楼层内每个功能单元所需设备设施面积。竖向分析工作顺序，合理的布置安排有利于高效的工作（见图 3-3）。从工作需求考虑，每个工作程序还应有相关的功能区辅助和支持，如接待和洽谈，有时需要使用样品展示和资料介绍的空间；工作和审阅部门，需要有计算机和有关设施辅助；领导部门需要办公、休息、会议、秘书、调研、财务等相关设施及部门为其服务。这些辅助部门应根据其工作性质，布置在合适的位置。另外，为满足所有人员的生理需求，还应在合适的地方配置一定的餐饮和卫生区域。所以在功能区域分配时，除了要给予足够的空间之外，还要考虑每个功能区域位置的合理性。

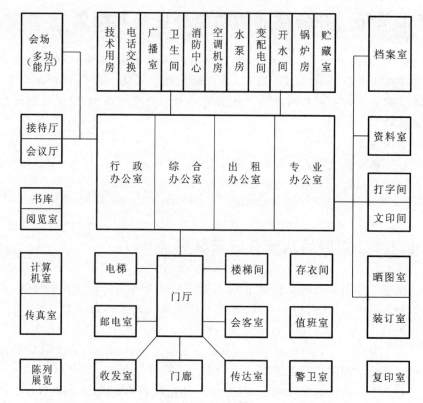

图 3-1 办公空间的功能设计

注:粗线框内为办公空间基本组成。

图 3-2 办公空间布局顺序

机构在处理对外和对内职能划分时,是根据内部管理的方式和机构运行的模式来综合考虑的。一般来说,对外职能部门会被安排在靠近主入口的地方,便于接待外来访客。在动线处理上,根据现场的空间状况,尽量将通往内部办公区域的路线与访客通往接待区域的路线分隔开来。在一些技术性较强的办公机构如银行、科研机构等,由于其工作自身的尖端性和保密性,通常会采用门禁系统将外部职能区和内部工作区严格分开,其目的就是为了使内部

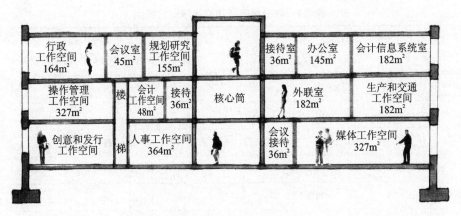

图 3-3　办公楼层竖向分析

工作人员不受外来访客的干扰。在对内部职能区域的处理上,有的机构将所有辅助和服务功能统一安排在某一区域,集中管理;有的机构会将这些功能根据工作人员的人数及使用习惯分散在工作区内,在动线上便于所有工作人员接近。尽管不同机构对功能的要求有所区别,但最重要的是要协调好办公区域和辅助用房、服务用房的动线关系,做到不影响办公区的工作环境,同时满足办公人员使用便利的要求,并充分实现各区域的功能(见图 3-4)。表 3-1 所示是办公空间各功能区域的安排特点。

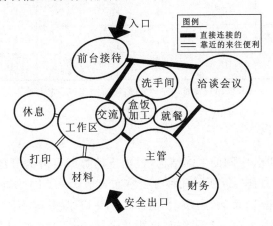

图 3-4　办公空间气泡分析图

表 3-1 办公空间各功能区域安排特点

办公空间	需要尺寸 /m²	邻接关系	公共通道	自然光和景观	私密度要求	管线入口	特殊设备
1 接待区	20	2	M	Y	N	N	N
2 前台	20	1、3、7	H	Y	N	N	N
3 洽谈会议室	50	2、7	I	N	H	N	Y
4 主管办公室	50	5、7	Y	Y	H	N	N
5 讨论区	30	5、7、13	H	Y	M	N	N
6 卫生间	15	7	Y	N	H	Y	N
7 工作区	100	4、5、7、8、10、13	H	Y	M	Y	Y
8 食品加热/冷藏区	10	7、9	Y	N	N	Y	Y
9 进餐交流区	20	7、8	I	Y	L	N	N
10 休息区	10	7	I	N	H	N	N
11 打印区	10	7	Y	N	N	Y	Y
12 财务区	10	4	I	N	H	N	Y
13 材料区	10	5、7	H	N	L	N	N
14 更衣间	10	7	L	N	H	N	N

注:H—高;M—中;L—低;Y—需要;N—不需要;I—重要但不一定需要。

3.1.1 工作区

工作区是办公空间的主体结构,根据空间类型可分为开放工作区、小型办公室,一般有如图 3-5 所示几种办公室布置形式。不同性质的机构根据工作范畴可分为主管、市场、人事、财务、业务和 IT 服务等不同部门。在进行平面布局前,设计者应充分了解客户所在公司的部门种类、人数以及部门之间的协作关系,参考表 3-2 可以算出所需要设计的基本功能分区面积。

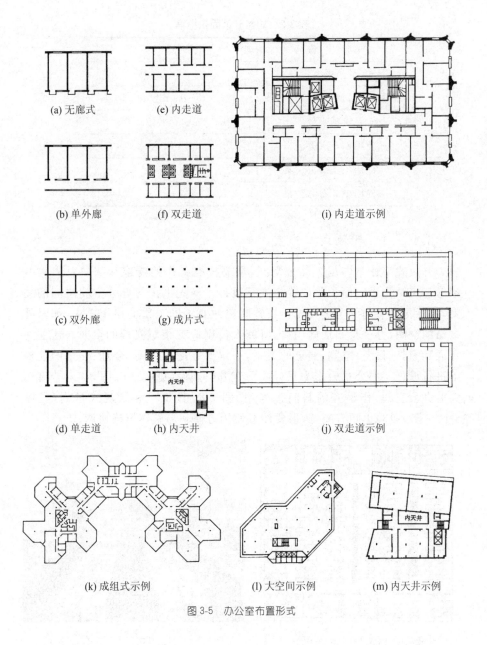

(a) 无廊式 (e) 内走道 (i) 内走道示例

(b) 单外廊 (f) 双走道

(c) 双外廊 (g) 成片式

(d) 单走道 (h) 内天井 (j) 双走道示例

(k) 成组式示例 (l) 大空间示例 (m) 内天井示例

图 3-5 办公室布置形式

表 3-2 功能分区面积标准

职　　位	面　　积
最高级主管	37～58 m²/人
初级主管	9～19 m²/人
管理人员	7～9 m²/人
使用 1.5 m 办公桌	5 m²/人
使用 1.4 m 办公桌	4.6 m²/人
使用 1.3 m办公桌	4.2 m²/人

3.1.1.1　开放式工作室

开放式工作室即员工办公空间,需要根据工作的要求和部门总人数并参考建筑结构设定面积和位置来进行设计。应先平衡各办公空间之间的关系,然后再作室内细节的安排。布置时应注意不同工作的使用要求,如对外接洽的空间,办公桌要面向门口;研究人员则应有相对安静的空间。还要注意人和家具、设备、空间、通道的关系,一定要在使用方便、合理、安全的前提下进行设计。办公桌台多为平行或垂直方向摆设(见图 3-6、图 3-7),若有较大的办公空间,作整齐的斜向排列(见图 3-8、图 3-9)和景观式排列(见图 3-10～图 3-13)也颇有新意,但要注意使用方便和与整体风格协调。

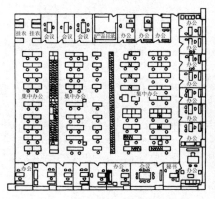

图 3-6　标准敞开办公室平面

图 3-7　垂直方向摆设的开敞式办公空间

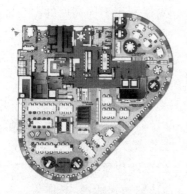

图 3-8　迈腾广告亚洲总部开敞式
办公室斜向排列布置图

图 3-9　迈腾广告亚洲总部

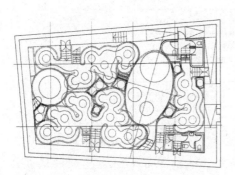

图 3-10　景观式开敞办公室平面

图 3-11　景观式开敞办公室

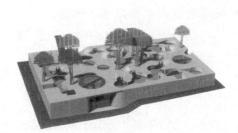

图 3-12　景观式开敞办公室模型图 1

图 3-13　景观式开敞办公室模型图 2

开放工作区是指个人工作位之间不加分隔或利用不同高度的办公隔断进行分隔的办公空间。其基本原则是利用不同尺度规格的办公家具将这一区域内不同级别的单元空间进行集合化排列。开放办公区内根据职位的级别和功能需要又可以分为普通员工的标准办公单元(区)、半封闭式主管级工作单元(区)以及供工作人员临时交谈的小型洽谈或接待区等。在设定开放办公区的面积时,设计者首先应当了解标准办公单元、主管级别较高的办公单元、标准文件柜的尺寸及数量等具体设施要求。在一般办公状态下,各级别办公面积设置如表 3-3 所示。开放式办公空间中家具、间隔的布置,既需要考虑个人的私密性和舒适度,又要注意合适的通道距离,具体尺寸参考第 4 单元办公家具设计。

表 3-3　各级别办公面积设置标准

职　位	人均面积
普通级别的文案	3.5 m²/人
高级行政主管	6.5 m²/人
专业设计绘图人员	5.0 m²/人

3.1.1.2　小型办公室

小型办公室分为单间办公室、成组式办公室。单间办公室按照工作人员的职位等级一般又可分为普通单间办公室和套间式办公室,套间式办公室一般为高级行政人员办公室。

(1) 单间办公室。

在走道的一面或两面房间,沿房间的周边设置服务设施。单间办公室以自然光照为主,辅以人工照明,一般采用 3600 mm 开间和 5400 mm 进深平面尺寸,容纳的人数较少。一般而言,普通单间办公室净面积不宜小于 10 m²(见图 3-14、图 3-15)。

(2) 成组式办公室。

成组式办公室适用于容纳 20 名以下工作人员,为利于布置家具,房间进深需要略大一些(见图 3-16、图 3-17 及表 3-4)。

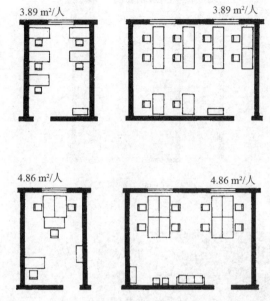

图 3-14　单间办公室平面布置图

注:每人使用面积系按开间、进深的轴线计算。

图 3-15　单间办公室室内布置

图 3-16 成组式办公室平面图
1—办公室；2—接待室；3—卫生间

图 3-17 成组式办公室室内布置

表 3-4 常用开间、进深及层高

尺 寸 名 称	尺寸/mm
开间	3000、3300、3600、6000、6600、7200
进深	4800、5400、6000、6600
层高	3000、3300、3400、3600

注：办公室尺寸应根据适用要求、家具规格、布置方式、采光要求、结构、施工条件、面积定额以及模数等因素决定。

3.1.1.3　高级行政人员办公室

高级行政人员办公室是主要供企业(单位)高层行政人员使用的办公室。高级行政人员一般使用套间式办公室,从功能上考虑,这类办公室包括事务处理空间、文秘服务空间、接待空间及休息空间等(见图3-18)。

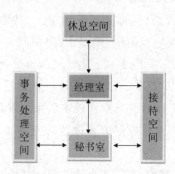

图 3-18　高级行政人员办公室功能示意图

(1) 事务处理空间是主要进行日常事务办公的区域。家具主要包括办公桌、文件柜、座椅等,设备包括电脑、电话、传真机等。办公家具的款式与造型具有标志性和象征性。不同的办公空间有不同的环境特点,办公家具是体现其特点的主要形象。办公家具的选用与布置直接影响办公环境与办公效率。

(2) 文秘服务办公空间。布置上可设一个单独区域,一般安排在高级行政人员办公室外。

(3) 接待空间。根据办公室大小单独设置一组家具,借助地毯、顶棚或灯光划分出一个空间,虽然是虚拟的,但具有独自领域和独立性。

(4) 休息空间。可安排一个单独休息室,也可利用现有场地灵活处理。

总经理是企业最高行政人员,其办公室空间较宽裕,室内设计不仅要体现其权威性,也要根据总经理本人的审美情趣进行设计(见附图56)。总经理办公空间通常分为最高行政人员办公空间和副职行政人员办公空间,两者在档次上有区别,前者往往是全公司之最高水准。这类办公空间的平面设计,应选择有较好通风采光、方便工作的位置,尽量满足客户的需求。

(1) 总经理室的总体布置。结合空间性质和特点组织空间活动和交通路线,功能区分明确。安排好空间的形式、形状和家具的组、团、排的方式,达到整体和谐的效果。

（2）总经理室的家具布置。家具在总经理室所占比重较大，因此家具就成为空间表现的重要角色。在进行家具布置时，除了注意其使用功能外，还要利用各种艺术手段，通过家具的形象来表达相应的思想和涵义。

① 总经理办公桌及其配套家具。总经理办公桌在室内处于中心地位，其尺度较大，包括工作活动区，面积 $7 \sim 10 \ m^2$。其他辅助家具包括文件柜（橱）、电脑桌、装饰柜（橱）、衣帽柜（橱）等。办公椅后面可设装饰柜或书柜，增加文化气氛和豪华感。一般来说，柜类家具造型比较简洁、实用性很强。柜（橱）可通过造型手法对各点、线、面、棱角巧妙勾画，创造出独特的风格。

② 总经理室接待家具。这类家具较多采用沙发及配套茶几等。

③ 不少单位的总经理办公室单独设置卧室和卫生间，取决于客户需要和空间条件。

业务经理办公室一般应紧靠所管辖的员工，可作独立或半独立的空间安排，前者是单独办公空间，后者是通过矮柜和玻璃间壁把空间隔开。办公桌面向员工的方向。办公室内除设有办公台椅、文件柜之外，还应设有接待来访人员的椅子，空间大小允许的话，还可增设沙发、茶几等设施（见附图57）。

3.1.2 公共区

3.1.2.1 前厅

作为公共区最重要的组成部分，前厅一方面是最直接地向外来人员展示企业文化和机构特征的场所，为外来访客提供咨询、休息等候的服务；另一方面是连接对外交流、会议和内部办公的枢纽。前厅的基本组成有背景墙、服务台、等候接待区（见附图58）。

（1）背景墙。

背景墙的主要作用在于体现企事业单位的名称、企业文化，一般设在入口处最为醒目的地方，如服务台的背后，以方便来访者的信息交流（见图3-19～图3-21）。

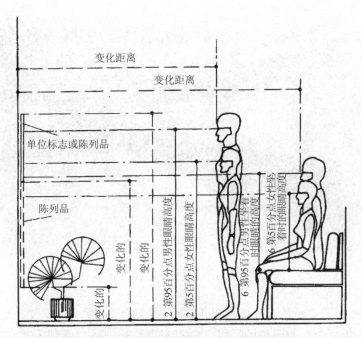

图 3-19　前厅接待区公司标志或展示陈列与视野的关系

图 3-20　佳木斯豪思环境艺术顾问设计公司前厅

图 3-21　真维斯有限公司背景墙

（2）服务台。

服务台的功能是为来访者提供咨询、收发文件、联络内部工作区等（见图 3-22、图 3-23）。在设计时，设计者应根据机构的运行管理模式和现场空间状况，决定是否设服务台。如果不设服务台，则必须有独立的路线及办公区域展示系统，使访客能方便地找到所要去往区域的路线（见图 3-24、图 3-25）。

图 3-22　服务台

图 3-23　某公司前厅服务台

图 3-24　某公司办公室前厅　　　　　　　　图 3-25　某办事处前厅

（3）等候接待区。

等候接待区是洽谈和供客人等待的地方，也是展示产品和宣传单位形象的场所，装修应有特色。等候接待区主要设立休息椅等家具配置，家具可选用沙发、茶几组合。也可用桌椅组合，必要时，可以两者同用，只要分布合理即可。等候接待区有圆形布置（见图 3-26）和方形布置（见图 3-27），应配备为客人提供茶水、咖啡等服务的设施。有的机构会为等候接待区单独设置小型餐饮区。

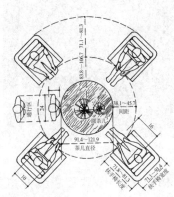

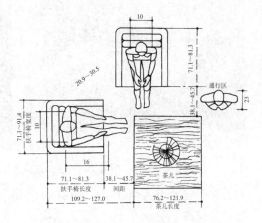

图 3-26　等候接待区圆形布置（单位：cm）　　图 3-27　等候接待区方形布置（单位：cm）

总之，在前厅的设计上应注重人性化的空间氛围和功能设置，使来访者在短暂的停留过程中充分感受办公空间的文化特征（见图 3-28～图 3-30）。前厅面积不宜过大，通常为十几平方米或几十平方米，在必要的情况下，应预留陈列柜、摆设镜框和宣传品的位置。

图 3-28　前厅等候接待区的座椅布置

图 3-29　某办公空间前厅　　　　　　图 3-30　某女性时尚品牌鞋总部前厅

　　前厅是给客人留下第一印象的地方,装修较高档,平均面积装饰花费也相对较高。它除了供人通过和稍作等待之外却无太多的用途,因此,过大会浪费空间和资金,但过小也会显得小气而影响公司形象。因此,办公空间前厅的面积要适度,一般在几十平方米或一百余平方米较为合适。在面积允许且讲究的前厅,还可安排一定面积的园林绿化小景和装饰品陈列区(见图 3-31、图 3-32)。

图 3-31　佳木斯豪思环境艺术顾问设计公司前厅景观陈设

图 3-32　佳木斯豪思环境艺术顾问设计公司形象展示

3.1.2.2 会议室

1) 可以根据对内和对外的不同需求进行平面位置分布。

按照可容纳人数分为小型会议室,中大型会议室。

(1) 小型会议室。

小型会议室规模一般在十几人,以会议桌为核心的常规会议室人均额定面积为 0.8 m²,因空间较小,人员布置方式多为面对面或围聚方式,便于人们之间的交流,所以在空间营造上倾向于具有亲和力的氛围(见图 3-33)。小型会议室空间各界面处理较简单,主要通过灯光及局部吊顶造型突出会谈区域、烘托气氛。还可以依据建筑的外观造型设计特殊形状的会议室(见附图 59、附图 60)。

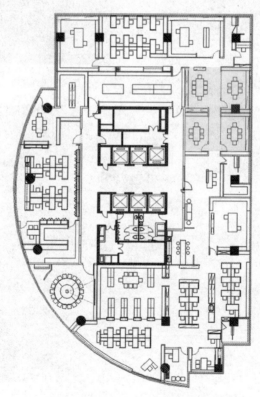

图 3-33 小型会议室平面图

（2）中大型会议室。

中大型会议室规模一般在一百人以下（见图 3-34）。在功能上，人员的流线安排要清晰、简单，便于快速聚集及疏散。在空间形态上，中大型会议室有完整的空间围合界面。各界面的处理根据实际情况要有主次之分，突出重点。在中大型会议室设计中，会谈区域是空间处理的重点，这一区域的主要组成元素是会议家具，各界面要围绕它展开。大型会议室由于经常有外来客户使用，因此一般属于对外职能。中型会议室则根据机构内部的使用分布在不同的职能部门区域。目前，办公自动化的进步正在影响办公管理系统。一些规模较大的机构开始实行会议系统统一管理的方式，即将大部分会议室集中在某一楼层或区域，将会议室进行编号。任何部门在需要开会前必须对会议时间以及会议室编号在内部网络上进行预订，会议室内部设备会根据预订时间自动开启和关闭。这样，不仅便于会议室的日常管理，同时也能够控制会议时间，提高工作效率（见附图 61）。

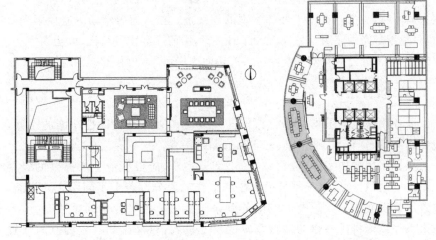

图 3-34　中大型会议室平面图

2）按空间类型，可以把会议室分为封闭型会议室和非封闭型会议室。

（1）封闭型会议室。

一般会议室大多属于封闭型会议室，组成会议室的各界面完全围合，与其他空间隔绝开来。这类会议室具有很强的领域感、安全感和私密性，与周围环境的流动性较差，但有时也能营造出别具风味的设计感觉（见附图 62）。

(2) 非封闭型会议室。

非封闭型会议室主要是指一些小型、非正规的会议室,它的各界面没有完全封闭起来,与其他空间有一定交流。这类会议室可根据场地条件自由布置,对于视听方面没有特别要求,具有极大的灵活性(见附图63)。

随着现代化办公越来越普及,作为集中交换信息场所的会议室,其功能配置也非常重要。一般来说,大型会议室兼顾了对外沟通客户和对内召开机构大型会议双重功能,有时又具备舞厅、宴会厅等多种作用。因此,在设备的配置上应当是最齐全的。其基本配置有投影屏幕、写字板、储藏柜、遮光窗帘等。地面及墙面应预留足够数量的插座、网线;灯光应分路控制或设计为可调节光;根据客户的要求考虑是否应设麦克风、视频会议系统等特殊功能设备(见附图64)。

3.1.2.3 展示厅

展示厅是各机构对外展示企业形象,对内进行企业文化宣传、增强企业凝聚力的场所,应设立在便于外部参观的动线上。独立的展示间应避免阳光直射,尽量用灯光做照明。另外,也可以充分利用前厅等候接待区、大会议室、公共走廊、楼梯等公共空间的空闲区域或墙面作展示厅(见附图65~附图69)。

3.1.3 服务用房

服务用房主要是指为办公工作提供方便和服务等辅助性功能的空间,包括档案室、资料室、图书室、复印和打印机房等。

服务用房如档案室、资料室、图书阅览室等,应根据业主所提供的资料数量进行面积计算,可根据规模大小和工作需要分设若干不同用途的房间。位置尽量安放在不太重要的空间的剩余角落内。在设计房间尺寸时,应考虑未来存放资料或书籍的储藏家具的尺寸模数,以最合理有效的空间放置设施。在设计资料室(见附图70)时,应了解是否采用轨道密集柜。一方面,根据密集柜的使用区域进行房间尺寸计算;另一方面,如果面积过大,则需要考虑楼板荷载问题,需要与结构建筑师共同确定安放位置。服务用房应采取防火、防潮、防尘、防蛀、防紫外线等处理措施,并设机械排风装置,采用易清洁的墙和地面材料。设计还应考虑光线充足、通风良好、避免阳光直射及眩光。

3.1.4　卫生间

　　作为工作人员长时间工作所需的生活空间,卫生间是一个重要的空间(见图 3-35)。卫生间在很多项目中是作为建筑配套设施提供给使用者的,因此,必须将卫生间当作衡量办公室舒适性的空间来进行功能上的设定,同时还要考虑自然采光,力求创造一个具有清洁、明亮气氛的舒适空间。在设计上充分考虑大多数人的生活习惯和行为方式,做到在使用上无障碍。在一些设计项目中,业主会提出增加内部卫生间,或在高级领导办公室内单独

图 3-35　办公空间卫生间设计

设立卫生间。此时,不仅要根据使用人员数量确定卫生间面积和配套设施以及动线上的使用便利,同时,还应当了解现有的建筑结构,考虑新增卫生间同建筑原有上下水位的关系,从而确定其位置,及时与给排水设计人员沟通,充分考虑增设过程中将要遇到的问题。公共卫生间距离最远的工作房间不应大于 50 m,尽可能布置在建筑的次要面,或朝向较差的一面。一般按照表 3-5、表 3-6 中男、女卫生间洁具规格数量进行设计。

表 3-5   男卫生间洁具规格数量

人数　　　洁具/个	1～50	50～100	100～150	150～200	200～250	250～300
大便器	1～2	2～3	3～4	4	4～5	4～5
小便器	1～2	2～3	2～4	3～4	3～4	3～5
洗面盆	1～2	2～3	2～3	3～4	3～4	3～4

表 3-6   女卫生间洁具规格数量

人数　　　洁具/个	1～50	50～100	100～150	150～200	200～250	250～300
大便器	1～3	3～4	3～5	4～6	5～7	5～8
洗面盆	1～3	2～4	3～4	3～5	4～5	4～6

3.1.5   后勤区

后勤配套服务的目的在于给工作人员提供一个短暂休息、交流的场所,如餐厅、咖啡厅、休闲区等。因而,在环境和设施上要做到卫生、健康和高效;在隔声方面应避免对其他部门造成影响。简言之,设计后勤区时在平面布局上需要注意与周围空间环境的关系,在结构上要做吸音处理。排风系统的运转应保证良好的空气质量。室内墙面、地面以及台面等材料应易于清洁和保养(见图 3-36～图 3-42)。

图 3-36　后勤区布置

图 3-37　后勤区的休息空间

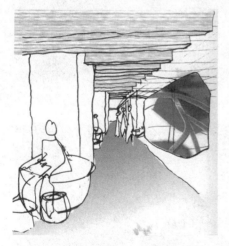

图 3-38　后勤区布置草图　　　　　图 3-39　后勤区的休闲坐椅

图 3-40   办公空间咖啡厅

图 3-41   办公空间餐厅细节设计

图 3-42   办公空间休闲娱乐区

3.1.6　技术性用房

技术性用房包括电话总机房、计算机房、电传室、大型复印机室、晒图室和设备机房(见图 3-43)。设计者应当根据业主所选用的专业机型和工艺要求进行平面布局设计,预留足够的空间放置设备,并且与相关技术人员配合,确定具体位置,以便于后期使用时的技术服务。

微型计算机与大型计算机的终端、小型文字处理机、台式复印机以及碎纸机等办公自动化设施可设置在办公区域或各部门内。需在室内暗铺电缆线路的办公室,应在办公室的顶棚、墙面或楼地面构造设计中综合考虑。供设计部门使用的晒图室,一般由收发间、裁纸间、晒图机房、装订间、底图库、晒图纸库、废纸库等组成。晒图室宜布置在底层,采用氨气熏图的晒图机房应设废气排放装置和处理设施。

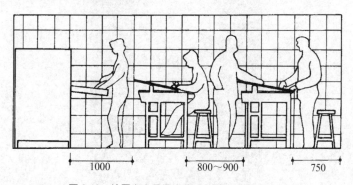

图 3-43　绘图室家具及人体活动尺度(单位:mm)

3.1.7　走廊

办公空间具有不同于普通住宅的特点,它是由办公室、会议室、走廊三个区域来构成内部空间使用功能的。目前有一些办公空间,其公共部分较小,从电梯出来就直接进入大堂。一个良好的设计必须要有一种空间的过渡,不能只有过道走廊,必须要有环境走廊,要有一个从公共空间过渡到私属空间的过程。当然有些客户会觉得这样很浪费,其实这完全是另一个概念。如舒适的茶水间、刻意空出的角落等,可以形成不同节奏的走廊空间。非正式的公共空间可以让员工自然而然地互相碰面,在不经意中聊出来的创意方案常常超出正式的会议结果,同时,也使员工间的交流得以加强(见图 3-44~图 3-46)。

图 3-44 走廊的创意设计

图 3-45 走廊效果　　　　　　图 3-46 走廊的灯光效果

3.2　办公空间室内陈设

办公空间室内陈设是指办公建筑室内除固定于墙面、地面、顶面的建筑构件、设备以外的一切实用或专供观赏的物品。在一个到处是文件柜和工作台的办公环境中，适当设计一些装饰景与装饰造型，对美化环境、展示企业形象是很有必要的。

办公空间中的装饰景与造型有两种：一种是因整个环境需要而设，另一种是为掩饰建筑结构缺陷而设。前者是从大局出发，在需要的地方设置专门的壁画、装饰造型、园林小景或艺术品陈设柜；后者是因建筑结构和使用功能而产生有碍美观的物体，如下水和排污的管道、建筑梁柱上的外加固结构等，直接影响整体布局，最佳的解决方案是使其成为装饰或者装饰兼实用的造型。

3.2.1　办公空间室内陈设的种类

依据陈设在办公室的布置位置，可分为以下几类。

（1）墙面陈设。

墙面陈设一般以平面艺术为主，如书画、摄影作品等，或小型的立体饰物，如壁灯、浮雕等。也有在墙上设置的壁龛、悬挑搁架存放陈设品（见图3-47～图3-55）。

图 3-47　书画的墙面装饰效果

图 3-48　小型立体饰物

图 3-49　壁灯

图 3-50　浮雕

图 3-51　墙面装饰效果

图 3-52　将灯槽延伸到室内小品中

图 3-53　壁龛

图 3-54　墙面灯光效果

图 3-55　办公搁架

（2）桌面陈设。

桌面陈设一般选择小巧精致、便于更换的陈设品，如家庭合影、笔筒、小卡通造型等。这些看似不起眼的小东西可以使办公空间变得更富人情味（见图 3-56、图 3-57）。

图 3-56　办公桌面上的陈设品

图 3-57　Soft Citizen 公司办公桌及桌面陈设

（3）落地陈设。

落地陈设的陈设品体量较大，如雕塑、绿色织物、屏风等，常放置在办公室的角落、墙边或走道尽端等位置，作为装饰重点，起到视觉上的引导和对景作用（见附图 72～附图 77）。

（4）橱柜陈设。

形色多样的精致陈设品，最宜采用分格分层、有重点照明的装饰柜架进行陈列展示。这类陈设一般在会议室、高级行政人员办公室内使用（见附图 78）。

（5）悬挂陈设。

在合适的空间，采用悬挂各种装饰品，如织物、抽象雕塑、吊灯等，可以丰富办公空间（见附图 79、附图 80）。

3.2.2　陈设的原则和方法

在办公空间中，由于家具占有重要地位，因此，陈设是围绕家具进行布置的。办公空间陈设品的选择和布置，主要是处理好总体与局部之间的关系，即陈设品、家具和办公空间之间，陈设品与家具之间，陈设品与陈设品之间的关系。

（1）陈设品在办公空间中位置要恰当，尺度要适宜。

陈设品在空间中应和整个场所相协调，反映不同的空间特色，赋予空间以内涵，不应华而不实、千篇一律。陈设品的大小、形式应与室内空间、家具尺度取得良好的比例关系。陈设品过大，常使空间显得拥挤；过小又可能显得室内空间过于空旷。局部的陈设品也一样，如办公桌面上台灯过大，则显得办公桌很小；陈设品过多，则会影响办公。陈设品的形状、形式、色彩应和家具及空间取得密切的配合，运用多样统一的原则达到和谐的效果。

（2）陈设品的材质、色彩要与家具、空间统一考虑，形成一个协调的整体。

陈设品的材质、色彩有其自身的特色。使用时，在色彩上可以采取对比的方式来突出重点，或采取调和的方式，取得相互呼应的协调效果。色彩又能起到改变室内气氛、情调的作用。例如，办公室色彩一般采用无彩系处理色调，偏于冷淡，这时可利用彩色的花卉使整个气氛活跃起来。

（3）陈设品的布置应与家具布置方式紧密配合，形成统一风格。

是否具有良好的视觉效果、稳定的平衡关系、空间的平衡或不对称平衡，以及风格和气氛的调节等，陈设品的布置方式在其中起了关键性作用。

3.3　办公空间室内绿化的特点及要求

室内绿化是办公空间不可或缺的组成元素，没有绿化，办公空间就失去了活力。

3.3.1　办公空间室内绿化的作用

办公空间室内绿化主要有净化空气、调节气候，组织空间、引导空间，美化环境、增添生气等作用。

（1）净化空气、调节气候。

植物通过光合作用吸收二氧化碳，释放氧气，同时通过植物的叶子吸热作用和水分蒸发作用降低气温，在冬、夏季可以相对调节温度。某些植物，如夹竹桃、梧桐、棕榈、大叶黄杨等可吸收有害气体。植物还能吸附大气中的尘埃从而使环境得到净化。

（2）组织空间、引导空间。

以绿植分隔空间是组织空间的一种重要方法，如在会客区与走道之间、办公空间之间，可采用绿植进行分隔。重要位置的绿植，如正对出入口，还起到屏风作用。

绿植在办公空间室内的连续布置，从一个空间延伸到另一个空间，特别是在空间的转折、过渡、改变方向之处，更能凸显空间的整体性。绿化布置的连续和延伸，有意识地强化其突出、醒目的效果，通过对视线的吸引，可以起到暗示和引导作用。

（3）美化环境、增添生气。

绿化植物拥有千姿百态的自然姿态、五彩缤纷的色彩、柔软飘逸的神态、生机勃勃的生命，而办公空间多为直线型，较为冷漠和刻板，两者具有互补性，将绿化植物引入办公空间可以美化环境、增添生气。

3.3.2　办公空间室内绿化的布置方法

办公空间室内绿化应根据不同的场所、目的、植物形态采取不同的布置方式。室内绿化的布置，应从水平面和垂直两方面进行考虑，形成立体的绿色环境。

（1）重点装饰和边角点缀。

把室内绿化作为主要陈设并成为视觉中心，以其形、色的特有魅力吸引人们。这种布置方式在具有较大空间的办公空间中较常用。在较紧凑的办公空间内，多采取边角点缀的布置方式。办公室的角落是难以利用的地方，选择角落作为植物设置点，不但能起到填补空间的作用，而且使室内焕发出勃勃生机（见附图 81）。

（2）门、窗、建筑结构处摆放植物。

门、窗是室内与外界的连接处，是人们活动最频繁的地方，在那里摆放植物，会给进出公司的人们带来愉悦感。如在办公入口处摆放几盆花草，步入办公室的客户会有清新之感（见附图 82）；在窗台上或窗口处摆放植物，能加强与外界的视觉联系，还可以消减噪声，沿窗布置绿化，能使植物接受更多的日照，并形成室内绿色景观（见附图 83）。在人们活动相对较少的区域放置植物，会增添局部的安静感。在办公室内人流受阻区域，如柱子等建筑结构处有规律地放置植物，既不影响人们行走路线的通畅，又可使处于不同活动中的人们相对消减疲劳感。

(3) 结合家具等陈设布置绿化。

室内绿化除了单独落地布置外,还可与家具等陈设相结合布置,组成有机整体(见附图 84)。

(4) 组成背景。

室内绿化可以通过其独特的形、色、质集中布置,形成成片的背景(见附图 85)。采用顶棚上悬吊方式的室内绿化不仅可以充分利用空间,不占用地面,而且可以形成绿色立体环境,增加绿化的体量和氛围。

3.3.3 办公空间室内绿化的配置要求

3.3.3.1 植物的选择

在办公室选用绿色植物时,要根据植物条件来选用,首先要考虑室内光线、照度、温度、湿度等因素,确保植物的生长条件。

办公室需要有安静素雅的环境气氛,绿化应少而精,宜选用叶形为中型、颜色素雅的观叶植物。叶片过大、过小、过碎或颜色过于强烈的植物不太适宜放在办公室。桌面上宜放小型、素雅的插画或盆栽,如兰花、水仙、风信子、富贵竹、竹芋、杜鹃等。在办公室摆上一两盆艺术水平高的盆景,不仅可以提高环境的品位,还可以调解人们极度疲劳的大脑和视觉神经。

办公绿化不仅能提高空气的质量、降低污染物和噪声,还有助于缓解员工头疼、紧张等症状。德国宝马汽车公司和弗劳恩霍夫研究所曾共同进行过一项关于办公绿化的实验,最后得到的数据是:办公室适度的绿化可将室内空气质量提高 30%,将噪声和空气污染物降低 15%,通过改善办公环境可以把职员病假缺勤率从 15% 降低到 5%。

室内植物的选择,首先应注意室内的光照条件,这对永久性植物尤为重要,因为光照是植物生长最重要的条件。同时,室内的湿度和温度也是选用植物时必须考虑的因素。因此,季节性不明显、在室内易成活是室内绿化选用植物的必要条件。其次,形态优美、装饰性强是室内绿化选用植物的重要条件。另外,要了解植物的特性,避免选用高耗氧、有毒性的植物。最后,要根据空间的大小尺度和装饰风格,从品种、形态、色泽等几方面来综合选择植物。根据办公条件和空间面积的大小来决定配置的品种及数量,大型办公室环境适合选用大棵型的木本植物,小办公空间则宜选择小型的草本植物,如秋海棠和水仙等。

3.3.3.2　植物的主要品种

(1) 常年观赏植物。

常年观赏植物主要包括文竹、仙人掌、万年青、宝石花、石莲花、雪松、罗汉松、苏铁、棕竹、凤凰竹、绿萝、直杆发财树、滴水观音等。

(2) 春夏季花卉植物。

春夏季花卉植物品种很多,有吊兰、报春花、金盏花、海棠花、茉莉花、木槿、金丝桃、香石竹、南天竹、锦葵、龙舌兰等。

(3) 秋冬季花卉植物。

秋冬季花卉植物主要有金桔、扶手柑、冬青、天竺葵、菊花、朱蕉、芙蓉花等。

3.3.3.3　植物的配置因素

植物的配置应考虑尺度、特征、构图等因素。

(1) 尺度。

室内植物配置应注意与室内空间的协调。在小空间中用大型植物或在大空间中用小型植物装点,都难以获得理想的效果。如果空间较大,适合摆设挺拔舒展、造型生动的植株。若空间较小,则可以选择植株或盆栽。

(2) 特征。

每种植物都具备自身的特征,这主要体现在其形态、质感、色彩和繁殖特点上。根据不同空间的室内设计的需要,从平面和垂直两方面进行考虑,使之形成立体的绿色环境。具体可选择盆栽法、镶嵌法、悬垂法和攀缘法这几种布置方法。盆栽是办公空间室内绿化最常用的方式,应用比较广泛。镶嵌法,可以在墙面上做搁架,适当放一些姿态各异的盆景、花卉。悬垂法适合于较狭小的办公空间,这种情况下可选盆栽为吊兰、常春藤等,用细绳将花盆吊起来,形成一种垂直的空间绿化。攀缘法是指在宽敞的办公空间内用细绳绷成网,将各种植物引上网来,在墙上编织成一幅绿叶式壁毯。应选用特征与办公空间室内装修风格和氛围相协调的植物品种。

(3) 构图。

室内绿化配置应符合室内总体构图的要求,尽量避免因种类过多而带来的杂乱无序和无性格现象。同时,还应考虑到四季色彩的变化等。

总之,室内绿化应有利于健康,植物应无毒、无恶臭、无不良分泌物,散发的气味应有益于人们的身心健康。

作业与思考题

(1) 办公空间有哪些功能分区?

(2) 办公空间植物的选择需要注意哪些方面?

(3) 根据教师提供的办公空间各分区原始平面图,提出办公空间限定类型范围,设计出不同使用功能、有特点的办公空间。

办公作品赏析

示例一:黄石市国家电网贵宾厅[设计:李倬](见附图86)。

示例二:秘书接待区设计[设计:李思凯](见附图87)。

第4单元　办公空间的家具设计

学习目的：办公家具是实用性的产品，在设计办公家具时应考虑的第一要素是办公家具功能的合理性。家具设计时应使家具的基本尺度与人体动静态的尺度相匹配，家具的造型与结构要满足人们各种工作习惯的需要，并通过家具的外观、色彩、质感等要素来满足人们各种审美的心理要求。本章主要从办公家具设计的角度对办公空间中人和家具的各种关系进行理性的分析，以帮助学生设计出合理、舒适的办公家具。

学习重点：

1. 掌握各种常用办公家具的尺寸，在设计时可以将此章节作为重要尺寸参考依据；

2. 了解办公家具类型，从使用者的心理角度出发认识和设计办公家具。

在以往的办公室内空间设计中，办公家具往往作为附属项目对待。无论是客户还是设计公司，都会将注意力放在室内办公设计方案上，待方案确定后，办公家具再作为室内空间的附属角色由施工方顺带制作，而其在办公室内装修中所占的费用比例也不大。而今办公家具在办公室内设计中的角色发生了很大的变化，办公家具越来越精致美观，同时家具的价格也越来越便宜，这主要得益于家具制造业的技术发展和大规模生产。在办公室内设计日益普及的今天，客户的审美也呈现出多样化，有些喜欢简单装修配高档、有个性和有特色的办公家具，这样，办公家具反而成为办公室内设计的主角。

在开敞式办公空间中使用单元式办公家具。这种家具把文件柜、办公台、挡板等组合一体，形成紧凑的单人办公空间，可以放在各种空间中使用。在一般的办公空间设计中，除了固定的办公家具之外，还有一些特定位置的特定尺寸家具和有特殊功能要求的家具是专门设计和制作的，如异形的台、柜和茶几，以及多功能组合使用的会议桌等。由于科学技术及经济发展改变了传统的办公方式和办公模式，作为构成办公空间主要内容的现代办公家具已形成其新的设计概念，自成一体，并向多功能、灵活性、自动化、智能化、小型化等方面发展。

作为现代办公家具的设计，除符合人体工程学能提高办公工作效率外，还具有如下特点。

（1）艺术性。

作为受教育程度与文化修养较高的办公人员，他们具有独特的审美观念，对其使用的家具有个性方面的要求。大多数专业家具设计制造公司对其计划投入的家具产品的视觉形象有着十分清晰且系统的概念，他们希望通过产品来树立企业的形象。越来越多的机构和设计师根据自身办公的文化形象及空间特点，偏向于特殊定制的家具系统。办公家具已经成为室内设计的一部分，它与空间造型、材质、色彩相结合，体现了办公空间的整体形象。

（2）技术性。

高速发展的信息科学技术影响着办公家具的设计，办公设备日趋活跃化和智能化。

（3）功能性。

利用现有的空间给工作人员提供便利的工作环境，在提高空间使用率、工作效率的同时，满足人们的工作舒适性。

（4）建筑性。

室内设计与建筑设计的融合成为新时期的趋势。家具与室内设计一体化的趋势也促使家具的设计更注重与室内空间甚至整个建筑的协调性与系统性。对于办公家具来说，由于一般办公家具其外观轮廓较为简洁，并担负起了划分空间的作用，因而就构成了室内空间中的"建筑"的功能。

（5）社会性。

企业管理者和设计师都意识到在办公空间中的办公工作存在其沉闷的一面。伴随着高科技的介入，原先繁重而忙碌的部分工作被电脑及网络替代，这样一方面减轻了员工的实际工作量，但同时也在一定程度上加重了办公工作的沉闷感和单调性。因此，研究办公家具设计中人的工作状态和心理状态，包括作为个体的心理状态以及群体相关的心理状态的因素越来越显现其重要性和必要性。在很多新的办公空间的概念中，上下级之间没有必要划分出鲜明的空间界限，不再以办公室的大小、景观好坏判断一个人的身份地位。很多机构都以办公家具的尺度、材质及配套设施来区分上下级的关系。这样高级主管才能更接近广大的员工。

4.1　办公家具的发展

　　图 4-1 所示为 1789 年时的家具——带有滑动式顶盖和皮质的抽出式台面的红木写字桌。那时候的办公者也会自己为自己设计办公家具。图 4-2 所示是美国第三任总统杰斐逊为自己设计的家具。Giovanni Socchi 在 1810 年为拿破仑设计的在战场上使用的便携式滚筒型桌椅(见图 4-3)，这套家具完全打开时，便是一个完整的工作站。有尺寸适用的台面、写字板、座椅，台下甚至还设计了侧架以增加放置文件的空间。图 4-4 所示为 1799 年拿破仑在意大利 Malmaison 的办公室兼图书馆。可以看到，当时已经出现了会议桌的形式。

图 4-1　红木写字桌

图 4-2　杰斐逊为自己设计的家具

图 4-3　拿破仑在战场上使用的
　　　　便携式滚筒型桌椅

图 4-4　拿破仑在意大利 Malmaison 的
　　　　办公室兼图书馆

　　1906年赖特(Frank Uoyd Wright)设计了拉金大厦(Larkin Building)。他的家具设计开始真正具有现代办公家具的特征。家具采用折弯铁皮的金属工艺、固定金属文件柜、储藏文件的抽屉、悬挑式折叠椅,体现了动态功能意识,同时便于清洁,家具整体是一个有机的系统。自此,办公家具开始与工业产品的制造关联起来。1888—1918年普鲁士威廉二世的多功能办公室,在凳子的设计上,凳面不仅采用了马鞍形的软垫,而且还具备了调节高度的功能(见图4-5)。20世纪40年代,"工作站"(working station)的概念开始被提出。它包含了书写工作桌面、固定存储系统以及打字机、文件柜、工作灯等配套设施。至今,工作单元仍遵循着这个体系。目前的办公家具设计理念受到网络信息发展的影响,更侧重于开放性和灵活性(见图4-6)。

图4-5　普鲁士威廉二世的多功能
　　　　办公室内的凳子

图4-6　带折叠椅的桌子

4.2　办公家具的配置

　　办公家具从使用上分为工作家具和辅助家具。工作家具是指为满足工作需要而必须配备的工作台、工作椅、文件柜等。辅助家具是指为满足会谈、休息、就餐等功能以及特殊的装饰性陈设家具。办公家具的配置应当根据家具的使用功能、结构和原理,针对不同空间进行合理配置。

1）办公家具的人体工程学。

根据人体工程学的理论，人们在工作时的活动范围，即动作区域，是决定室内空间及配套设施尺度的重要依据。人体的结构与尺度是静态的、固定的。而人的动作区域则是动态的，由行为的目的所决定。在办公设备、家具的尺寸，使用功能的设计上应考虑人们活动动态与静态的相互关系，必须符合人的活动区域范围，提供活动空间。同时，也要考虑使用的便利性和安全性，有效地节省空间，提高工作效率。尺度的设计原则是适应大多数人的使用标准。例如：门的高度，走廊、通道的净宽，应按照较高人群的尺度需求，并且设有余量。对需要人触摸到的位置高度则应当按低矮人群的平均高度进行设计。办公桌、办公椅等工作单元的设计，应按照目前的办公家具概念，根据具体的环境和使用者，设计可调节尺度的功能。为此人们设计了各类坐具以满足坐姿状态下的各种使用活动（见图 4-7）。

图 4-7　多功能椅子

2）利用组合功能进行空间分隔。

现代办公家具是在工业化生产的模式下，采用标准配件的集合组装。在尺寸、颜色、造型方面都具有统一性，但设计师可进行多样式组合选择，互相搭配运用。在开放的工作空间中，可以根据空间的布局要求，利用组合功能形成多种分隔区域。在不同状态中的分隔空间内可以利用办公隔断的高度来营造不同的空间环境。现代办公家具的目的是让人们在办公室的所有领域都有工作生产的积极性。其特点是利用简单的模块化长椅、栅栏和围墙形成半私人空间，在工作场所占用公用地方，集合私人空间，接听电话、阅读、睡觉都有遮挡。在个人工作单元内应尽可能地保证个人空间不受干扰。人们在端坐时，可轻易地环顾四周；伏案时则不受外部视线的干扰而集中精力工作（见图 4-8、图 4-9）。

图 4-8　创意办公家具

图 4-9　创意办公空间

3）选择合理耐用的材料。

办公家具除了使用方便外，还应具有合理的结构和耐用的材料，只有这样才牢固、安全和易于搬运。目前办公家具按使用材料的不同，主要有以下几种类型。

（1）原木家具。

原木家具是一种采用传统材料的家具类型，其主要特点是造型丰富、色泽自然，纹理清晰而有变化，有一定韧性和透气性。一类是常见如东北松、美国松等，另一类是较为珍贵的木材如红木、榉木、象牙木、酸枝木、花梨木、紫檀木等。原木家具价格昂贵，很难大量普及，常用于高级行政人员办公室或者作点缀之用。

（2）人造板家具。

常用于办公空间的人造板家具主要有胶合板、刨花板、纤维板和木工板（见图 4-10 至图 4-13）等。人造板家具是目前用得最多的办公家具。其优点是取材和制作都很容易，既适合工厂大批量生产，也适合施工单位现场制作，饰面多且色泽均匀，可使用各种油漆或贴各种材料（如防火板、金属板、皮革等），还可以做各种造型，如弧形、几何形等。

图 4-10　胶合板　　　　　　　　图 4-11　刨花板

图 4-12　纤维板　　　　　　　　图 4-13　木工板

（3）多材质家具。

多材质家具是由金属、木材、胶合板、玻璃、塑料、石材、人造革或真皮等两种以上材料构成的家具。这类家具因能以不同材料满足人对家具不用部位的不同要求而快速发展。目前办公座椅类几乎全是这种类型的产品，而且不少前台和柜也按照这种方式制作。这种家具质感丰富，且可取各种材料的优点使其无论在形式、用途、使用效果，还是价格方面都有相当的优势。

4）形式与环境的协调。

办公家具的形式与整体空间是相互影响的。一方面，可以通过大规模的整体造型、材质和色彩来确定空间的风格和机构的性质；另一方面，也可采用中性、简洁的家具形式和色系搭配，来配合由空间界面的材质及色彩所营造的整体氛围。总之，办公家具应当与空间的材料和色彩等风格相协调。家具的选择应当符合机构的文化特征，使办公室环境更整洁、设施更完备。越来越多的企业开始注重打造更合理的办公环境，以求能提高员工的办公效率（见图 4-14、图 4-15）。

图 4-14　中式传统家具　　　　图 4-15　菲利普·斯塔克的幽灵椅

4.3　各类办公家具的设计

4.3.1　办公座椅

办公座椅分为高级行政人员座椅、一般员工座椅、秘书员工座椅和接待用椅等。各类座椅的设计关键是处理好人体与座椅的关系，座椅应根据人体工程学,合理安排座高椅背的关系并能自如地调节,以满足不同高度人员的需要,减少因长期使用而产生的疲劳感,提高座椅的舒适度及健康度,增加办公工作的效率(见图 4-16)。另外,座椅同办公桌、工作台面、接待台、茶几及橱柜的尺度有着许多直接的关系。

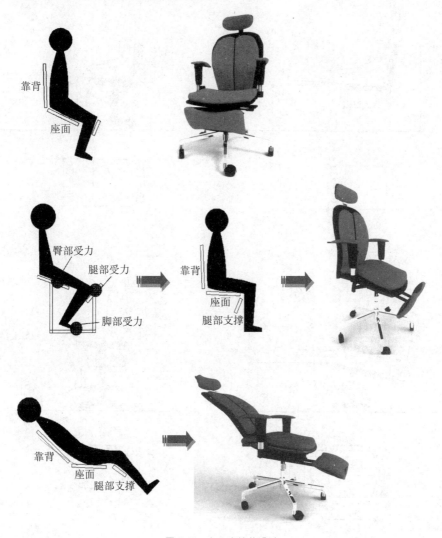

图 4-16　办公座椅的设计

　　各类办公座椅的基本尺度如图 4-17 所示，座椅同相关工作面的尺度关系如图 4-18，常见座椅的造型式样见附图 88 至附图 96。

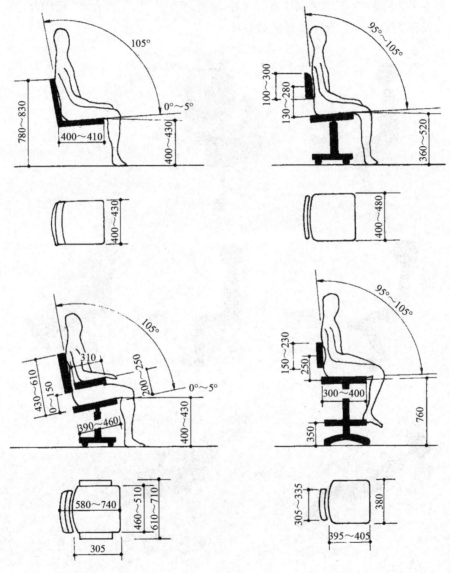

图 4-17　各类办公座椅的基本尺度（单位：mm）

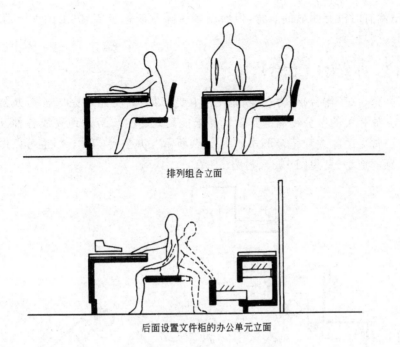

排列组合立面

后面设置文件柜的办公单元立面

图 4-18　座椅同相关工作面的尺度关系

4.3.2　办公沙发

　　办公沙发是根据沙发的用途来命名的,具体是指一种有弹簧衬垫的靠背椅,现多采用弓状弯曲的弹簧与泡沫塑料,制作简便,可使体形轻巧,是我国目前办公场所常用的办公家具之一。

　　办公沙发已是许多企业办公场所里常见的办公家具。市场上销售的办公沙发有普通办公沙发和配合建筑结构所设计的沙发两种。下面分别介绍这两种办公沙发的特点。

　　普通办公沙发有低背办公沙发和高背办公沙发两种(见附图 97、附图 98)。普通办公沙发以一个支撑点来承托使用者的腰部(腰椎),一般距离座面 370 mm 左右,靠背的角度适度,方便休息。

　　配合建筑结构所设计的沙发是办公场所常见的一种简洁办公沙发。通常与办公空间建筑结构相配合,常设计在通道、休闲区、等候区等,造型多样,富有创意。这种沙发可作为建筑结构的组成部分,还可以分割办公空间,虽然有时没有明显的靠背,但使用者可随意调整坐姿(见附图99~附图101)。

4.3.3 办公台(工作台)

办公台(工作台)是办公空间中的主要家具,其功能是完成各类办公工作及存放相关的办公物品。其设计要求能高效、便捷、舒适地完成各种办公工作。常见的款式和组合形式如图4-19所示。办公台(工作台)也可以做成很新颖的造型(见附图102~附图110)。

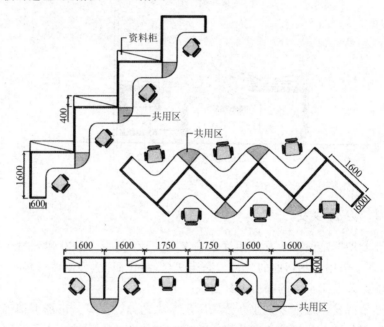

图4-19　办公台(工作台)常见款式和组合形式(单位:mm)

办公台(工作台)应有适宜的长、宽、高尺寸来配合相应的办公工作。办公台(工作台)桌面的大小按实际工作时人手可伸及的范围及摆放有关办公用品和设施来确定;办公台(工作台)下空间应考虑人体下肢能够自如活动的需求;写字台、工作台的高度应考虑进行工作时不会产生疲劳感。图4-20为办公台工作面所必需的基本尺度。办公台(工作台)还应协调同其他办公家具之间的关系,以保证办公工作的高效进行。图4-21为办公台(工作台)与相关家具的必要尺度关系。

办公台(工作台)有单体式、普通组合式和屏风隔断组合式几种基本形式。

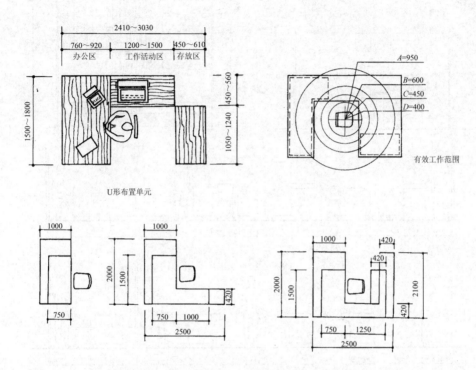

图 4-20　办公台工作面所必需的基本尺度(单位:mm)

(1) 单体式。

单体式办公台是一个独立的家具,其桌面尺寸可大可小,最小的 600 mm×950 mm(宽×长)即可满足基本的办公要求。根据办公的不同要求、办公用品及设施可设计出不同大小的办公台(见附图 111、附图 112)。

(2) 普通组合式。

普通组合式办公台是由两个基本家具单元组合而成的,该类办公台增加了在不同方面上的工作面(水平或横向),满足了人们工作时的尺度需求。这种办公台既有相同高度的组合,又有不同高度的组合,在形态上更为丰富、生动(见附图 113)。

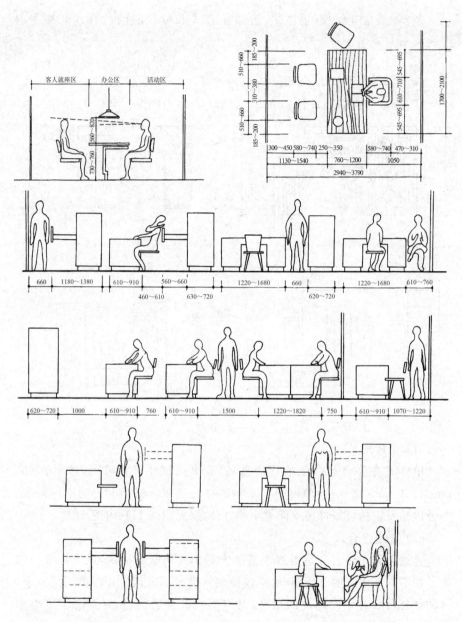

图 4-21　办公台(工作台)与相关家具的必要尺度关系(单位:mm)

（3）屏风隔断组合式。

这类办公家具的出现，顺应了信息科学技术发展的潮流。这种办公台（工作台）与屏风隔断、橱柜融为一体，工作台成为其中的一部分。办公台（工作台）的桌面大小是依据各工作点不同的工作内容及相关需求来设计的。其设计整体性更好，更加有效，秩序感更强（见附图 114）。

组合系统家具的出现改变了人们对办公家具的简单认识，打破了传统封闭的办公形式，改变了办公空间的室内环境。其基本形式是通过若干单元的办公家具、隔断屏风来分割和组合，并形成若干既独立又有联系的、半封闭或开放式的、大小组团不同的办公空间（见图 4-22、图 4-23）。

图 4-22　屏风隔断组合式

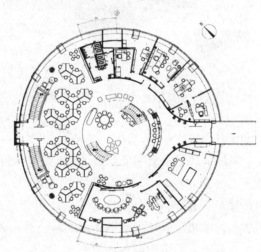

图 4-23　屏风隔断组合式平面图

隔断屏风是围合工作单元或工作组团的有效手段。通常隔断屏风是按一定模数设计的单元（见表 4-1），并根据办公空间的划分及工作组团的需求而进行不同组合的。隔断屏风有全封闭和半封闭两种类型。

隔断屏风的高度设计是十分重要的环节。隔断屏风的高度设计依据三个方面的因素：首先是便于相邻人员间的信息交流，其次是保证办公桌面上工作内容的私密性，最后是人体活动的基本尺度及视线的需求。在实际设计中可根据实际办公工作需要而决定。

表 4-1　隔断屏风的尺寸(宽度以 150 mm 为基本模数)　　　单位:mm

高	1000	1300	1500
宽	450	600	900

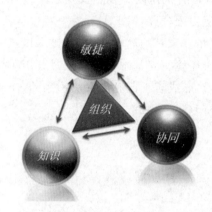

图 4-24　办公家具 OA 系统

办公家具 OA 系统如图 4-24 所示,OA 是 office automation 的简写,指办公室自动化或自动化办公,是利用计算机进行全自动的办公,目的是提高效率。如今的 OA 技术,更多的是将最新的管理思想、管理理念植入其中,使企业在面对易变与复杂的外部环境时,突破以往传统的严格的部门分工,打破企业多项目、跨区域、集团化的发展趋势受时间、地域、部门之间的限制所形成的信息孤岛,从而提升企业的整体竞争力和前进速度。

隔断屏风通常有单元组合、直线组合、对向组合及组团组合等类型(见图 4-25～图 4-30)。单元组合的方式可构成一个独立的办公点,也可用作公司的接待处、洽谈处、复印区等。直线组合是按直线形状的连续布置方法,可根据需求组合成开敞或半开敞的办公岛出入口的形式。对向组合是在直线组合基础上共用中间的隔断屏风,各单元工作岛呈对向布置的形式。组团组合是根据工作方式的需求,为提高工作效率,而将相关办公内容通过合理的布局组合在一起的布置方式。

另外,隔断屏风上亦可有自由悬挂组合文件框,体现了节省空间、提高工作效率的设计思想(见图 4-31)。

隔断屏风和与其配套的其他办公家具共同构成各种类型的办公空间。值得一提的是,由于大面积地运用隔断来分割、组合空间,隔断屏风的色彩设计对整个办公空间的氛围会有很大的影响。通常以隔断屏风的色彩作为主体色彩设计中的背景色。

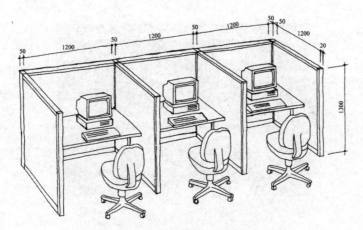

图 4-25 开敞式直线组合示意图(单位:mm)

图 4-26 开敞式直线组合实例

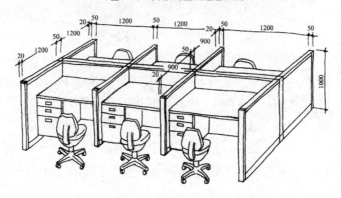

图 4-27 对向组合示意图(单位:mm)

图 4-28 对向组合实例

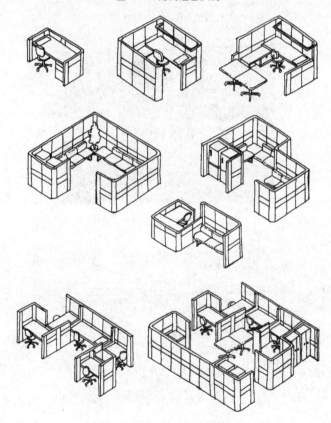

图 4-29 组团组合示意图

图 4-30　组团组合实例

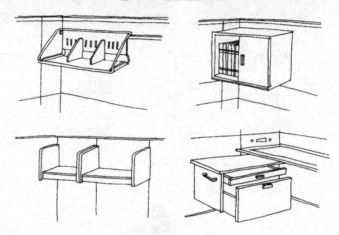

图 4-31　屏风上设有自由悬挂组合文件框系列

4.3.4　办公橱柜

办公橱柜是办公空间中存放有关文件及物品的家具。通常由标准文件柜及多功能文件柜、信息资料柜及专用柜、图纸柜、衣帽柜等组成（见图4-32）。其形式有固定和移动两种。其设计与组合应结合室内空间的布局及与办公台的组合方式而做出不同的安排（见附图 115）。

1）移动办公橱柜。

移动办公橱柜通常由放置信息资料及常用文件的可移动式文件柜等组成。

图 4-33 中的可移动式文件柜可组合成文件柜，也可作为家具放置物品，是办公家居的好帮手。

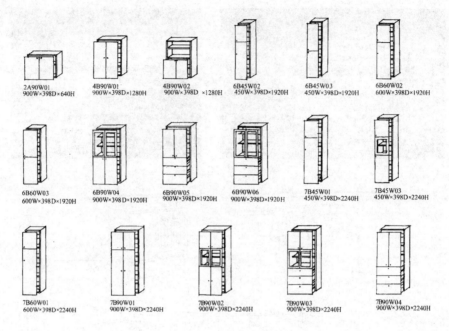

图 4-32　办公橱柜标准柜

图 4-33　可移动式文件柜

2）壁柜。

在现代空间设计中,无论家居还是办公空间,都流行用壁柜作为空间的间隔,壁柜与墙壁成为一体,使室内空间显得更加简洁。在现代办公空间中,各种设施和摆设都比较多,简洁的壁柜有助于减少空间的凌乱感。壁柜已经从以前既装饰又实用的双重功能,变成现在的更注重实用功能,因而不再需要太突出柜子造型。壁柜设计的一些技术要素如下。

（1）如果是拆墙做壁柜，则一定要在设定方案之前先搞清楚建筑结构，因为承重墙是不能拆的。某些非承重墙，虽然上面有建筑梁承托，但若建筑质量欠佳，拆墙后仍会影响建筑安全，因此在拆墙前，最好能找到原建筑结构图，并请有经验的建筑结构师来测定和指导，再进行施工。

（2）设计壁柜前，一定要先调查清楚存放的文件和物品的规格与重量，以及其存放的形式。此时，常会有一些矛盾：如文件与物品规格不一，按最大空间来设计，这时一定要认真统筹，寻找最佳的方法，做出各种不同规格的柜子内空间，在外观上又要尽量使其完美（见附图 116）。常用的文件和物品需要一目了然，对外展示的，要在壁柜上做专门的展示层格，必要时还要考虑展示的照明，也可加安玻璃门以防尘（见附图 117、附图 118）。

（3）壁柜一般不宜突出本身的造型，但因在空间中占面积较大，所以本身的造型与形式仍然很讲究。壁柜的门是构成环境气氛的重要因素，它如同四方连续图案中的单独纹样，是通过独立形式的反复而形成韵律感的。一组造型美观、色彩优雅的柜门，会给空间与环境增辉不少（见附图 119）。

（4）壁柜是消耗板材较多的项目，如使用 2440 mm×1220 mm 规格板材时，壁柜深度可用 240 mm、300 mm 或 400 mm 等规格，壁柜宽度除要考虑节省材料，还要考虑层板和门的牢固与美观，较常用的宽度规格是 800～900 mm。壁柜高度在 2440 mm 以内较便于使用，不算顶脚和顶柜，壁柜如果高于 2440 mm，则会费工费料，也不便于使用（见图 4-34）。

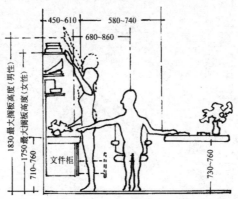

图 4-34　经理办公空间壁柜立面尺寸图（单位：mm）

（5）壁柜易损坏之处是门和柜脚线。门的开关次数多了之后，铰链会损坏,故应精选门铰、连接螺钉来连接木材(见图 4-35、图 4-36);柜脚线易损,往往是潮湿所致。故当壁柜置于砖石地板上时,柜脚要特别注意防潮处理。必要时,也可选用石材、砖材或瓷片等防水材料。

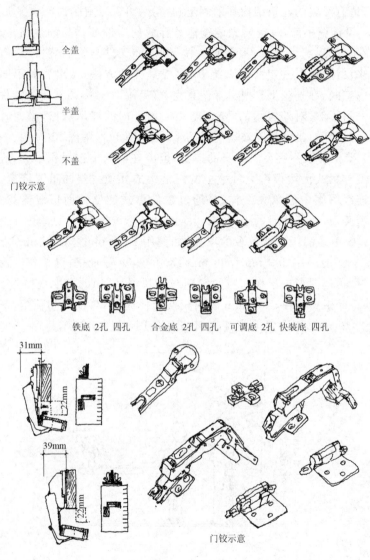

图 4-35　铰链

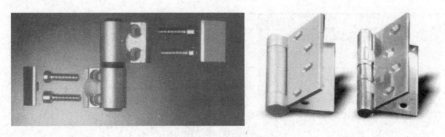

图 4-36　家具合页

4.3.5　办公接待台

接待台在办公空间中所处的位置是在大堂或门厅的中间，是体现公司形象的重要组成部分（见图 4-37、图 4-38）。

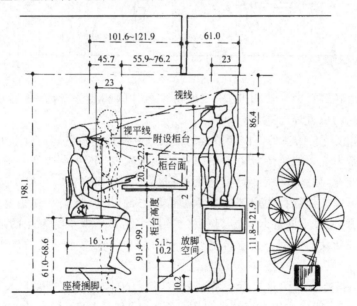

图 4-37　接待台与相关人体活动尺寸 1（单位：cm）

接待台设计时应注意以下几点。

（1）接待台应满足功能的需要。首先要充分满足办公设备的安装位置和工作使用的要求。设备安装位置包括设备摆放位置，供电、信号传送通道等；工作使用空间包括工作台椅、柜台、照明、资料的存放和取出等。另外，

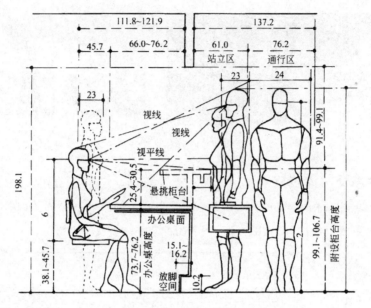

图 4-38　接待台与相关人体活动尺寸 2(单位:cm)

还要考虑顾客对柜台使用的要求,如柜台名称牌和业务指南,顾客站立、等候和休息的位置等(见附图 120)。

(2)接待台的造型。因接待台的重要性和所处的位置,其造型和用料往往都非常考究。但接待台由于受内外功能的限制,其外观造型一般难以有太多的变化,如高度、宽度等都应是根据功能需要而定的。尽管如此,设计师还是可以在接待台的局部造型上进行精心的设计,特别是在柜身和台面上的创意,通过不同的起伏造型和材料组合,使其呈现千变万化的形态,塑造出多款新颖的造型。接待台更要起到加强和美化企业形象的作用(见附图 121)。

(3)接待台的用材。虽无特别限定,但由于接待台造型特征及所处位置,其材料一般档次较高且经久耐用。因此,一般使用石材、高档木材较多。或者就不同部位使用的不同要求,而分别用不同的材料,还可以利用材料本身质感的碰撞感,设计出新颖的接待台造型(见图 4-39)。

(4)接待台的防盗、防劫措施。这是有些行业所必需的,如银行、税务机关、经销名贵商品的单位等。其措施一般有防护和报警两方面。防护措施

图 4-39　由水泥和玻璃材料设计而成的新颖办公接待台

是指加强柜台和间格的结构,如在柜台中安装钢筋混凝土墙,在间壁上用防弹玻璃或增设防盗网等。报警设施是指安置摄录设备和"脚踩"报警开关,一旦遇劫,员工可立即用脚踩开关报警,摄录设备则可监控和记录现场情况,以方便破案。

4.3.6　办公会议室家具

在现代公务或商务活动中,召开各种会议是必不可少的。作为办公空间组成的部分会有大小、种类不同的各类会议室。这些会议室应配置适宜、实用的会议家具(见图 4-40)。会议室家具及设施主要有会议桌、会议椅、茶水柜、讲台、黑白板等(见图 4-41)。

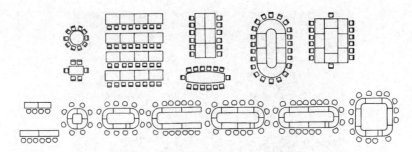

图 4-40 会议室常用家具平面布置形式

图 4-41 会议室主要家具及设施

　　会议桌通常有单件式和组合式两种类型,以供不同的会议需要而设置。

　　单件式的会议桌有固定式或固定折叠式,适宜举行小型会议时使用(见图 4-42～图 4-47)。组合式的会议桌由单件式会议桌组合而成。通过单件式会议桌单体的排列组合可组成圆形、长方形、正方形、U 形及直线条状、回字形等平面布置类型(见图 4-48)。一般来说,圆形会议桌有利于营造平面、向心的交流氛围;正方形会议桌也基本具备这种感受;而长方形却比较适合区分与会者的身份和地位。通常组合式会议桌由主体单元和辅助单元构成。会议室家具的平面布置应依据具体的室内空间的大小和出席会议人员的数量来做出合理安排。

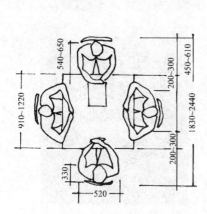

图 4-42　方形会议桌平面空间布置
尺寸 1（单位：mm）

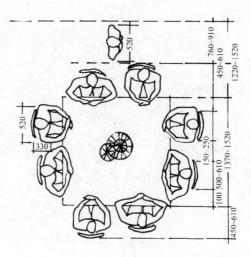

图 4-43　方形会议桌平面空间布置
尺寸 2（单位：mm）

图 4-44　小型方形会议桌

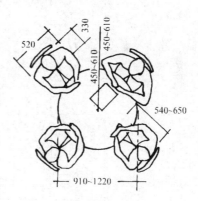

图 4-45　圆形会议桌平面空间布置
尺寸 1（单位：mm）

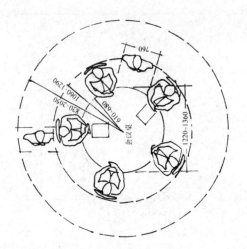

图 4-46 圆形会议桌平面空间
尺寸 2(单位:mm)

图 4-47 小型圆形会议桌

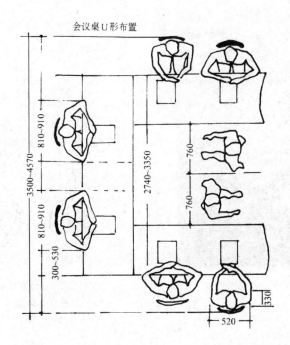

图 4-48 U形会议桌平面空间布置尺寸(单位:mm)

　　会议室家具中会议桌面的设计应考虑放置文件、纸张、资料及个人便携式小型电脑设备等必要的空间,并根据会议内容的不同,提供满足正常开会需求的桌面空间;会议家具的布置要考虑人体活动必需的基本尺度,并同整个室内空间取得配合。

　　会议室家具中会议桌与会议椅尽管功能不同,但在造型、色彩、材料的使用上要有所呼应,应作为一个整体系统来设计,并与室内空间环境气氛取得统一。

作业与思考题

　　(1) 办公家具的选择有哪些要求?

　　(2) 办公桌的组合依据是什么? 有哪几种常见的组合方式?

　　(3) 按照不同类型的办公空间,设计一组办公家具。

示例一:S 形办公桌设计[设计:应虎君]

　　设计简评:S 形办公桌整体造型简洁,色彩古朴、优雅,具有趣味性和实用性。巧妙地利用曲线形边角,体现现代人的自由、轻松、随意感觉。详细尺寸:2100 mm×1800 mm×800 mm。

　　使用功能:可以作为书桌和办公桌使用。本作品获得 2008 年度"圣奥杯"家具比赛入围奖(见附图 122)。

示例二:转与动[设计:许秋霖]

　　设计简评:转与动是一个旋转式的办公室办公桌。它可以实现多角度的变化,下班空闲时可以组合起来,或者开公司会议时可以组合起来做小型会议桌,不但节省空间而且富有趣味。可以把它旋转成你喜欢的角度,就能创造出一个独一无二的格局,适应多变性的办公室。它合理充分利用了空间。整体设计能使办公室变得更有活力和创意。采用木材设计,自然、环保。整个设计给你带来不同的办公氛围(见附图 123)。

示例三:喜字办公展示家具[设计:王小伟]

　　设计简评:该设计创意来源于汉字中的"囍"字。以现代手法,优雅的造型配上经典的中国红,简约大气中透露着吉祥、喜庆、浪漫、热烈、平安、兴旺。作为办公家具中的接待厅展示家具,可以完美地展现行业特点,其强烈的艺术性在满足其使用功能的同时也成为办公空间点缀的艺术品。主材料为实木,辅料布艺或皮、软包,大方舒适,符合人体工程学(见附图 124)。

示例四:转身的距离[设计:张瑞]

设计简评:SOHO 作为一种时尚、轻松、自由的生活方式和生活态度让家庭办公也能创造无限可能。这是一个多功能家庭办公桌。外形简洁大方,结构上的设计使电脑桌和书桌合二为一,并且各自独立又相连,创造出一个独一无二的温馨而又浪漫的办公空间(见附图 125)。

示例五:系列办公家具[设计:李倬]

设计简评:在造型上利用三角形这个特殊的形态为这套家具赋予特殊的气质,整体给人以强烈的冲击感。作为办公家具中的低背沙发家具,可以完美地展现特殊办公空间的特点(见附图 126)。

第 5 单元 办公空间照明及色彩设计

学习目的：办公空间照明为工作人员提供了一个良好的照明工作环境，学生在认真学习各种办公灯具设备造型、照明方式及办公空间色彩设计的同时，结合具体的办公空间结构，进行办公空间创新设计。

学习重点：

1. 了解办公空间常用灯具设备型号和造型；
2. 学习设计办公色彩的搭配及色彩 VI 系统设计。

办公空间是人们长期进行公务活动的场所，随着社会的发展，办公楼的规模和布局也发生了很大变化。大规模的写字楼、商务中心突破传统的办公楼规模，这种创新也体现在丰富的地面平面布置、顶棚平面布置、空间组合以及室内外环境设计等方面。以现代科技为依托的办公设施日新月异，顶棚照明设计和色彩设计的大胆运用，使得现代办公空间环境不断更新和更加丰富。

5.1 办公空间照明设计

办公空间是进行视觉作业的场所，也是工作人员长期停留的空间。办公空间室内照明是空间环境质量的重要组成部分，是影响办公人员的工作效率和身心健康的重要因素之一。办公空间室内照明属于需要长时间进行视觉作业的明视照明，既要认真考虑针对相关工作面的照明，又要考虑使整个室内空间的视觉环境符合美观与舒适的要求。良好的办公室内环境照明不仅能够提高工作效率，而且能够减轻人们工作的疲劳感，甚至对人们的身心健康有着不可忽视的影响。

在决定照明方式和照明数量后，首先就是要设定照明的重点。通常，办公台、会议室、谈话区、走道等，都是需要较好光照的位置，所以主照明不应离其太远。接着要考虑的是灯饰在顶棚上的美观性，例如，一个完整的造型吊顶，如果灯饰只顾实用而布置得杂乱无章，就会破坏其美感。所以，吊顶灯具的布置，应该遵循实用与美观相结合的原则。

常会遇到在一个吊顶平面上，不同位置所需光照度不同的问题。简单的解决方法是把全顶棚天花的照度都加强,使顶棚的每一处都亮堂堂的。但这是一种勉强的办法,因为灯光不但要起照明作用,同时也是塑造环境氛围的重要手段,每处均亮,往往容易失去环境的情调。此时较好的解决方法是,根据照明分布需要,重新设计顶棚天花。如把一个顶棚天花分为不同的造型,使分布不均匀的照明与不同形式的顶棚天花造型有机结合,使其成为形式多样的顶棚天花造型,从而达到主次分明的照明效果。

5.1.1 办公空间照明设计的基本要求

办公空间进行的工作包括读书、写字、交谈、思考、计算机操作及其他办公设备的运用操作等。办公室照明设计应该为工作人员提供一个良好的照明工作环境,具体要求包括合适的照度、明亮的环境,在满足要求的前提下要尽量做到绿色节能。

5.1.1.1 照度要求

办公建筑的照度首先应该满足基本的工作要求,可以参照《建筑照明设计标准》(GB 50034—2004)来选取,见表 5-1。

表 5-1 办公建筑照度标准值

房间或场所	参考平面及其高度	照度标准值/lx	UGR	*Ra*
普通办公室	0.75 m 水平面	300	19	80
高档办公室	0.75 m 水平面	500	19	80
会议室	0.75 m 水平面	300	19	80
接待室、前台	0.75 m 水平面	300	—	80
营业厅	0.75 m 水平面	300	22	80
设计室	实际工作面	500	19	80
文件整理室	0.75 m 水平面	300	—	80
档案室	0.75 m 水平面	200	—	80

注:UGR 是指统一眩光值(unified glare rating),它是度量处于视觉环境中的照明装置发出的光对人眼引起的不舒适感主观反应的心理参量。

lx:照度单位,勒克斯。

Ra:显色指数。

表 5-1 所列为 2004 年新修订的标准,随着我国社会经济的发展和进步,

新修订标准与原标准有了较大提高,在一定程度上反映了我国整体照明水平的提高,但是,与发达国家相比仍有一定的差距(见表 5-2)。

表 5-2　国内外办公楼建筑照度标准值比较(单位:lx)

类别	中国		CIES 008/E —2001	英国 1984 年	德国 DIN 5035 —1990	澳大利亚 1976 年	美国 IESNA —2000	俄罗斯 CHH HII 23-05- 1995	日本 JISZ 9110 —1979
	GB 50034— 2004	原标准 GBJ133 —1990							
普通 办公室	100	100~ 150	500	500	300	600	500	300	750
高档 办公室	500	150~ 200		700	500			—	
会议室、 接待室、 前台	300	100~ 200	300	500	300	400~ 600	300	200	300~ 750
营业厅	300	100~ 200	—	500		300~ 400	300		750~ 1500
设计室	500	200~ 300	750	300~ 700	750	100~ 200	750	500	750~ 1500
文件整理、 复印、 发行室	300	50~ 100	300	200~ 300	—	—	100	400	300~ 750
资料、 档案室	200	50~ 100	200	—	—	50	—	75	150~ 300

在办公建筑照明设计进行照度选择时,依据我国目前的经济水平和能源状况所制定的标准,不仅要考虑视觉工作的需求,还要考虑工作人员心理方面对办公环境照度的需求。一般根据实际情况,对于高档办公楼的照度可以参照国外标准适当提高,对于普通办公楼的照度可以在满足标准要求的前提下适当降低一些。

办公室是以视觉工作为主的场所,对于配有视频显示屏幕等特殊设备的办公室,避免出现眩光是在办公建筑照明设计时非常需要注意的问题。眩光的控制体现在很多具体的设计环节之中,包括灯具的选择与布置、室内的亮度对比等。

5.1.1.2 环境要求

明亮的办公环境可以激发人们的工作热情,提高办公效率。办公室的明亮程度主要取决于室内亮度的大小及照明设施的分布情况,同时和灯光颜色的变化也有很大的关系。室内亮度的大小及照明设施的分布情况可以通过灯具的亮度、灯具的分布以及不同表面的反射情况来进行调节。

室内亮度的变化是人们识别空间的前提。办公室照明设计同样应该注意平衡总体亮度与局部亮度的关系,既要满足使用要求,同时又要创造舒适的室内光环境。办公室照明亮度比推荐值如表 5-3 所示。值得注意的是,表5-3 所推荐的是亮度比的最大值,而在实际的照明设计中一般可以降低一些。室内的亮度过于均匀,会使空间显得平淡,不利于室内空间氛围的营造。室内亮度变化丰富,有利于形成良好的室内光环境。要获得合适的亮度比,参考办公室室内表面反射比推荐值,见表 5-4。

表 5-3　办公室照明亮度比推荐值

表面类型之间	亮度比[①]
工作面与邻近物体之间	1：1/3
工作面与较远的暗表面之间	1：1/10
工作面与较远的亮表面之间	1：10

注:亮度比指的是最大值,一般来说,实际所取数值低一些为宜。

表 5-4 办公室室内表面反射比推荐值

表面类型	反射比/%
顶棚表面①	80
墙壁	40～70
家具	25～45
办公室机器设备	25～45
地板	20～40

注:推荐值仅指对涂层而言,吸声材料的平均总反射比要低一些。

在办公室环境中,可以出现少量鲜艳的色彩,其反射比应该比较低,而且所占面积应该控制在 10% 以下。照明应既具有重点又具有多样性,但是应该避免在视觉区域内出现大面积的饱和色彩。

5.1.1.3 节能要求

能源危机是全世界共同面临的问题,据统计,我国年均照明用电占全国总用电量的 13% 左右,所以照明的节能问题不能忽视,这是建设节约型社会必不可少的环节,同样,照明节能问题也是照明设计环节中非常重要的内容。

办公楼照明是照明中比重较大、耗电量较多的类型,所以作为强制性规范条文的《建筑照明设计标准》(GB 50034—2004)规定了办公建筑。房间或场所的照度值不应超过表 5-2 规定的对应照度值。

5.1.2 办公空间照明设计的要点

5.1.2.1 照明方式

办公室照明方式可以分为功能照明、分区一般照明和局部照明。功能照明一般用于工作空间,主要是满足工作需要的照明,适用于使用电脑作业、使用非电脑作业和两者同时使用三种工作环境。如果只是使用计算机,因为主要视线集中于计算机屏幕,环境的光线不宜太亮,可取 200～300 lx;

非计算机作业则应取 500～700 lx；两者同时使用，通常取 300～500 lx，如果条件允许，最好是采用可分别开关的灯组，也可以用增加台灯的办法解决。光照度可以用照度仪测定，至于设置什么灯具和多少数量能达到上述的光照度，是一个比较复杂的问题，因为涉及空间的高低、大小、材质、颜色、灯具的质量、光照形式等诸多的因素，所以没有固定的公式可用。

一般情况下，采取在顶棚有规律地安装固定样式的灯具，来提供功能照明，可以保证工作面上得到均匀的照度，并且可以适应灵活的平面布局及办公室根据不同的使用要求进行灵活的空间分隔。但是，大面积、高亮度的顶部光源容易产生眩光，会使空间显得呆板，所以在大空间的办公空间照明设计中，要在保持顶部照明的基础上，适当增加台面或局部照明，使工作面上获得足够的照度，同时获得较为丰富的空间效果。

5.1.2.2　光源选择

办公建筑光源选择同样从两个角度出发，即光源的色温和显色指数。办公室照明光源的色温选择在 3300～5300 K 比较合适。办公室照明光源的显色指数要求不是很高，考虑初期投资、安装维修费用以及节能等因素，办公室光源的显色系数一般不低于 80（见表 5-1）。

5.1.3　办公空间照明的布局形式

（1）基础照明。

基础照明是指大空间内全面的、基本的照明，这种照明形式保证了室内空间的照度均匀一致，任何地方的光线都很充足，便于任意布置办公家具和设备，但是耗电量大，在能源紧张的条件下是不经济的。所以在大型办公室装修设计水电施工时，按区域铺设线管，分区域开灯，减少能源浪费。

（2）重点照明。

重点照明是指对特定区域和对象进行的重点投光，以强调某一对象或某一范围内的照明形式。如办公桌上增加台灯，能增强工作面照度，相对减少非工作区的照明，达到节能的目的（见附图 129）；对会议室及经理办公室陈设架上的展品进行重点投光，能吸引人们的注意力。许多办公空间中的展厅为了突出新产品，采用照度较高的重点照明，获得良好的照明艺术效果。重点照明的亮度可以根据物体的种类、形状、大小及展示方式确定（见附图 130、附图 131）。

（3）艺术照明。

办公空间的艺术照明就是装饰用的灯光，多用于大厅、走廊、会议室、高级办公室等空间，这种照明通常以反射光带、造型、点射光等形式使用，其作用是塑造浪漫、神秘、旷远等带情调性的环境气氛（见附图 132）。还有就是对一些景物、艺术品、标识、样品进行霞点塑造的照明。这些照明除了使用日光灯作反射光源外，一般都使用霓虹灯、软管灯、LED 灯、石英灯、金卤灯等比较特殊的光源。艺术照明是为创造视觉上的美感而采取的特殊照明形式，通常是为了增加人们的活动的情调，或者为了加强某一被照物的效果，以增强空间层次，营造环境氛围。通过照明设计可以使空间变得轻盈通透，许多台阶照明及家具的底部照明，使物体看似脱离地面，形成空透、悬浮的效果。反射光带对功能照明具有添加作用，但在垂直下的环境必须注意的是：光带的光具有眩目的效果，短时间内可产生浪漫、旷远的效果，但时间较长（如超过 30 分钟）之后，人们会有"眼花缭乱"的感觉，所以在需要集中精神工作的普通办公空间不宜使用。

5.1.4　办公空间的室内照明方式

光在空间的分布情况会直接影响到光环境的组成质量。在进行办公空间的照明设计时，要结合视觉工作特点、环境因素和经济因素来选择灯具。同时，可利用不同材料的光学特性（如透明、不透明、半透明质地），制成各种各样的照明设备和照明装置，重新分配照度和亮度，根据不同的需要来改变光的发射方向和性能，以增强室内环境的艺术效果。照明方式按灯具的散光方式分为以下几种。

（1）直接照明。

直接照明就是将 90％以上的灯光直接照射到被照物体。常用下照式灯具，裸露陈设的荧光灯和白炽灯均属于此类。大部分光线落在工作面上，针对性强，光线直接投射工作面，利用效率高。直接照明还能加强物体的阴影、光影相对比，能加强空间的立体感。由于这种照明方式亮度过高，应防止眩光的产生（见附图 133）。

（2）间接照明。

间接照明是将光源遮蔽而产生间接光的照明方式。这种照明方式将

90％以上的灯光射向顶棚或墙面,再从这些表面反射至工作面。其特点是光线柔和、均匀,没有很强的阴影,避免了人们在办公时由于直视光源而产生不舒适的眩光(见附图134)。

(3) 半直接照明。

半直接照明是指将灯光的60％左右直接照射到被照物体,40％左右的光线向上漫射。用半透明的玻璃、塑料等做灯罩的灯,就属于这一类。这种照明方式的特点是没有眩光,光线柔和能照亮办公顶部。常用于休息区和接待区(见附图135)。

(4) 半间接照明。

半间接照明是指将60％以上的灯光首先照射到墙和顶棚上,只有少量光线直接照射到被照物体。从顶棚来的反射光,趋向于软化阴影和改善亮度比,与天花阴暗的办公空间相比感觉更舒适。具有漫射的半间接照明灯具,更适宜阅读和学习(见附图136)。

(5) 漫射照明。

漫射照明是指灯光照射到上下左右的光线大体相等。常见的有两种方式:一种是光线从灯罩上口射出经平顶反射,两侧从半透明灯罩扩散;另一种是用半透明灯罩把光线全部封闭而产生漫射,这类光线柔和、温馨(见附图137)。

5.1.5　办公空间不同功能区域的照明设计

办公空间的功能分区应根据办公机构的性质和工作的特点来考虑,不同功能区域照明的设计不同。下面介绍几个主要的区域照明设计。

1) 集中办公区的照明设计。

集中办公区是许多人共同工作的大空间,也是一个组织的主要运行部分,经常根据部门或不同工作分区,用办公家具或隔板分隔成小空间,集中办公区又称为开敞办公区或景观办公区(见附图138)。

集中办公区常常变换桌椅、柜子、屏风、盆栽植物的布置,从而使办公室的气氛保持新鲜的感觉。因此,这个区域的照明设计常常在顶棚有规律地安装固定样式灯具,以便在工作面上得到均匀的照度。但是,大面积高亮度的顶棚易产生眩光,同时均匀的顶部照明会使光环境变得呆板,使人产生沉闷的感觉。因此,集中办公区的照明设计应注意以下两点。

（1）注意避免眩光的产生。可用漫射透光和遮光法来控制光源，要避免光源与工作人员的视线同处于一个垂直平面内，工作面及室内装修表面最好用无光材料。

（2）为使空间的光环境更丰富，就要创造出适当的不均匀的亮度。在保证工作面应达到的照度标准值外，非工作区和通道可降低照度标准。还可以在保持顶部照明的基础上，增加工作面的局部照明，使台面获得足够的照度。据资料分析，一般区域照明为工作区域照明的 1/3，次要区域照明为一般区域照明的 1/3。

2）个人办公室的照明设计。

个人办公室通常包括总经理室、经理室、主管办公室等。顶部照明的亮度要求不高，更多的是用来烘托一定的艺术效果或气氛。需要对工作面进行重点投光，以达到一定的照度要求。房间的其余部分由辅助照明来解决，充分运用装饰照明来处理空间细节。个人办公室的工作照明整体来说围绕办公的具体位置而定，有明确的针对性，对于照明质量和灯具造型都有较高的要求（见附图 139）。

3）会议室的照明设计。

会议室的灯光具有双重功能：第一，提供照明；第二，利用其光和影进行室内空间的二次创造。灯光的形式可以从尖利的小针点到漫无边际的无定形式，可利用各种照明装置，在恰当的部位，以主动的光影效果来丰富室内的空间。会议室的照明主要围绕会议家具，就是要使会议桌面达到照度标准，照度应均匀，同时与会者的面部也要有足够的照度。对于整个会议室空间来说，照度应该有变化，通常以会议桌为中心进行照明的艺术处理。另外，要注意视频、黑板、展板、陈列、陈设的照明（见附图 140）。

4）公共场所照明设计。

办公楼的公共场所一般包括入口门厅、电梯厅、走廊和楼梯间。这些场所的照明一般点亮的时间较长，尤其应该注意灯具的使用寿命、灯具效率、灯具安全性以及是否易于维修等问题。

（1）入口门厅照明。

办公楼的入口是室内外空间的过渡缓冲空间，是工作人员进入办公室的必经之地，也是办公楼给人第一印象的场所。所以这一部分的照明设计既要满足人们通行的需要，又要完成办公楼建筑创意的氛围营造，通常会采用装饰照明的设计方法。一般情况下,办公楼的门厅会结合门扇采用较大面积的玻璃装饰材料,照明设计时重点是避免产生眩光。为了避免由于玻璃材料过多而造成很强的反射,采用壁灯较为合适,还要配有调光设备。另外,在光源和光色的选择上还应该与建筑师密切配合,选择合适的材料和灯具,创造合适的照明环境和空间氛围(见附图141)。

(2)走廊照明。

走廊主要起通行作用,没有特殊的工作照明要求的走廊对照度要求一般不高,但是要避免使相邻场所往返的人产生不舒适感。一般线状灯具(如荧光灯)横跨布置能使走廊显得更亮(见附图142)。为了避免光线直接射入行人的眼内而产生眩光,可以选用带有格栅的灯具。

(3)楼梯间照明。

楼梯间是连接楼层的主要交通部件,所以楼梯间照明设计主要考虑通行的要求。灯具的布置应尽量减少台阶处的阴影和人眼视线上的眩光。由于楼梯间的灯具点亮的时间相对较长,如果安装位置不合适会使得维修非常不方便,所以在灯具位置的选择上尤其应该考虑到便于维护和维修(见附图143)。

5.2　办公空间的色彩环境设计

办公空间设计的任何造型或布置均以形和色彩来展现。用色主要体现为对色的选择和色彩的组合。色与色所构成的关系,就是色彩。办公空间设计中的色彩选用和配置就是色彩设计。办公空间的色彩设计不仅可以创造美好的视觉效果,更可以调整空间的氛围,以满足工作的需要。人们在工作空间逗留的时间通常是比较长的,所以现代化的工作空间应当打破从前的那种单调和沉闷的格局。

色彩是一种既简单又复杂的现象。简单是因为所有的颜色都是由红、黄、蓝三原色构成(即用三种色可调出任何色)。复杂则是因为三原色可通过不同的彩度(色相)、纯度(饱和度)和明度构成不同的可见色,竟达三万余种,而这些颜色之间所构成的关系,则更是千变万化了,在此仅就办公空间的色彩设计做一些提示。色彩的直接效应来自于色彩的物理光对人的生理刺激。不同的人对色彩有不同的反应。办公空间是群体工作的场所,提高工作效率、创造舒适的办公环境是办公空间设计的出发点。因此,在对空间界面的色彩选用上,应注重共性,满足多数人对色彩的舒适性的生理需求,采用中性的、简洁明快的色彩搭配。

现代设计已经越来越趋于各学科的融合。工业产品设计、视觉形象平面设计、室内办公空间设计已经成了相互关联的系统工作。在色彩的设计上应配合机构的整体形象及文化特征。在前厅、会议室等人流频繁的区域内,设计者应利用色彩对人们的心理影响,与机构形象和文化特征所强调的色彩元素相结合,创造出体现机构形象的色彩环境。

在大型办公空间里,以"导向"为目的设计是很重要的一个方面,即标识系统(sign)。通常,办公空间里采用的是"混合系统",即由多个标识种类而形成的系统。根据对环境中人的"动线"(移动方向)的分析,在设定平面动线后,选择相应的转折点和功能区域的明显位置来设置标识,例如,在通道口、会议室、卫生间等设置相应的标识。因为需要在设计的环境里选择多个转折点,所以要为转折点赋予多项指示功能。在现代办公环境中,标识系统作为视觉引导,即"动线"的方向性指引;同时,也作为体现办公空间的风格特征的主题元素。标识的设计是办公机构的文化及特征的反映,因此,在空间设计中,应充分利用标识的色彩、造型,将其融入室内环境中,通过设计手段使标识不仅能够实现清晰的指引功能,也可以借其强化机构文化在办公空间中的视觉冲击力。色彩环境主要采用以下几种色彩。

(1) 红色。

红色并非一成不变的鲜艳亮丽。在金属材质上,红色显得异常醒目;而在木材上,它却看上去黯淡无光。红色有许多漂亮的色调——鲜红、荧光红、草莓红等,在设计中一旦选用了红色,就要充分展现并发挥红色张扬的个性。红色属于三原色,与黄色和蓝色一样,是极具表现力的色彩。正因为红色有着强烈的视觉效果,所以这也使得它在使用上有诸多禁忌。尽管如此,在办公空间的范畴里红色仍然是个不可或缺的表现手段(见附图 144)。

(2) 橙色。

橙色的光波长度稍短于红色,但比红色明亮,其亮度仅次于黄色,但光波却比黄色长,所以是既温暖又明亮的颜色,犹如明亮的火光和秋天的果实,给人以欢乐和充实感。纯度低的橙色,具有皮革、原木的感觉,既朴实又华美,橙色在办公空间中运用要比较慎重,长时间地处于大面积的橙色中,会让人们视觉疲劳,心情烦躁(见附图 145)。

(3) 蓝色。

蓝色是光波较短且最"冷"的纯色,具有冷静清凉的感觉。浅蓝色,往往使人联想到晴朗的天空和清澈的湖水;深蓝色,常使人联想到夜空和深海,深沉而开阔,冷静而严肃;同时,蓝色还是理性的象征,因而常被用作技术和科学的代表色。

蓝色始终是客户最偏爱的颜色,几乎所有的标志设计在选择颜色时都倾向于蓝色调。然而,蓝色的选择至关重要。如果色调太暗,蓝色看上去会显得沉重而阴郁。在办公空间中,设计师也会经常用到蓝色。蓝色有着千变万化的色调,它可以偏绿色调或者红色调,但在选择过程中,应尽量避免使用过暗的色调(见附图 146)。

(4) 绿色。

绿色是最具生气和自然气息的颜色。淡绿色,春意盎然,生机勃勃;中绿色如同草坪和树林,充满活力和安宁;深绿色具有坚实深沉的生命感。纯度稍低的绿色,具有优雅柔和的自然感。绿色是和平和环保的代表色(见附图 147)。

(5) 黄色。

黄色是彩色光波较长者中亮度最高的颜色,光辉灿烂,常用于象征华贵和光明,特别是深浅黄的组合,有金光闪烁感。纯度低而浅的黄色具有奶油、柔和的光感,十分温馨宜人,是装修中较常采用的大面积颜色;纯度低而深沉的黄色,具有黄土和硬木的自然色调,是一种朴实、沉着而不乏华美感的颜色(见附图 148)。

(6) 紫色。

紫色光波在七个光色中最短,具有退缩和飘柔的特性,另外,其色相还可偏红偏蓝而漂游于冷暖色之间,具有一种捉摸不透的神秘感。所以紫色是一种悠闲、优雅和高贵的颜色,在办公空间中,紫色常用来作为办公家具产品的点缀颜色(见附图 149～附图 151)。

色彩虽然非常主观,却是设计的关键元素。如果审慎处理,色彩可对设计起到画龙点睛的作用。

5.2.1　办公空间的色彩要符合企业的 VI 系统

VI 系统是企业形象设计的重要组成部分,随着社会的发展,市场进程的加速,企业规模不断地扩大,组织机构日趋复杂,产品快速更新,市场竞争已经变得异常激烈。另外,媒体传播方式也急速膨胀,受众面临大量繁杂的信息,早已无所适从。因此企业比以往任何时候都需要统一的 VI 设计传播,个性和身份的识别显得尤为重要。

企业拥有系统有效的 VI 设计,对内可以加强企业凝聚力,获得员工的认同感和归属感;对外可以将企业的信息传达给受众,通过视觉符号,不断地强化受众的意识,从而树立企业的整体形象,获得资源整合。色彩在 VI 设计中有着举足轻重的作用。例如,想到可口可乐就会想到红色;想到百事可乐就会想到蓝色;想到苹果就会想到白色;想到 IBM 就会想到黑色。

因此,办公空间的色彩设计要与企业的 VI 系统相协调。相协调不一定要完全一致,因为有些 VI 系统的标准色是不能用来做整个空间的基调色彩的。曾经有一家公司 VI 系统的标准色是橙色,于是将办公空间中的一面墙和桌椅等办公家具全部换成橙色,几天下来所有的员工叫苦连连,长时间地处于大面积的橙色中,让人们视觉疲劳,心情烦躁,所以有些标准色要慎用。

企业的 VI 系统的标准色,大多是比较浓郁的或者艳丽的,不适合作室内空间的基调色彩。这里的所谓协调,是可以将 VI 系统的标准色用来作办公空间的辅助色彩或者是强调色彩。浓郁的可以作为辅助色彩出现,艳丽的最好只作为强调色彩,然后可以再根据这些色彩来选择适合这一办公空间功能要求的基调色。

5.2.2　办公空间的色彩可以缓解视觉疲劳,提高工作效率

工作空间的色彩环境设计必须依照该空间的工作性质来考虑。在工作空间中,如果色彩能够起到很好的调节作用,便可以增强员工的工作欲望,提高工作效率,并可以缓解员工的疲劳(见附图 5-45、附图 5-46)。

5.2.3　办公空间的基调色彩要满足其功能的需求

要确定办公空间的基调色彩首先要确定该空间的用途。在工作空间中柔和而明亮的基调色彩能够提高工作效率,能给人以舒适安静的视觉享受。

可以根据工作空间的性质来决定冷、暖色调,例如,用于做精密计算工作的工作空间就比较适合柔和而明亮的冷色调,而公司中用来接待客人的接待室就比较适合暖色调;亦可以根据地域的差异来确定基调色彩的冷暖,如北方冬季较冷和漫长可以采用暖色调,南方夏季长而且较热可以采用冷色调。

地面的色彩要与桌面的色彩协调,反差不能太大,以免产生强烈的明度对比,造成视觉疲劳。

办公空间中的其他用品等小面积的地方宜采用活泼一些的明快色调,可以调节氛围,给人以愉快的心情。另外,办公桌的色彩不宜太淡或太暗,以中等明度为最好,这样可以减弱桌面和工作材料之间的对比,工作中不易引起视觉疲劳。对于私人的办公室来说,允许使用一些大胆的配色,可以适当体现出使用者的个性和色彩偏好。

5.2.4　会议室的色彩设计

在办公区域中除了工作的空间还有会议室,会议室的色彩设计通常要与大小和容量相关联。空间较大、容量也较大的会议室通常以冷色调为主(见附图152)。在这样的会议环境中,就算是时间较长的会议,也不会让人产生很强的疲劳感。面积大但是座位很少的会议室,为减少空间的空旷感,最好使用暖色调,让氛围温和而从容。然而,在许多公司中存在更多的是小空间、小容量的会议室,这样的会议室最好采用高明度的基调色彩,使空间看起来更为宽敞。

最后要强调的是,工作空间是提供给不同类型人的一个办公环境,处在该环境中的人们有着各种性格和感情,因此工作空间不能像私人住宅那样强调个人的色彩喜好,应该色调柔和大方,能适应不同类型、性格的人使用。

第6单元　办公空间的界面设计

学习目的: 办公空间的界面设计在办公空间设计中有着非常重要的地位,主要是对办公平面、吊顶、立面的设计。办公空间的界面设计离不开装饰材料和装饰施工。只有准确地掌握了界面设计的相关知识,正确地选择和使用装饰材料,才能将好的创意构思更好地表达出来。

学习重点:

1. 认真学习并设计好平面布局。
2. 认真学好办公空间各界面装饰材料设计。

6.1　办公空间的平面布局设计

办公空间的平面布局设计应把使用功能放在第一位,因为好的使用功能设计能很好地节省空间,同时为办公使用提供方便。常见的办公空间大都是方方正正的。有时因场地特殊形状结构或设计特色的需要,可以做一些新颖的设计,如弧形的通道,S形、圆形、椭圆形、扇形的室内平面(见图6-1、图6-2),但是做这样的设计时,最好不要牺牲太多的使用功能,并要充分考虑立面、天棚吊顶和其他造型施工工艺的可能性,以及造价是否允许后,再来进行创新设计。

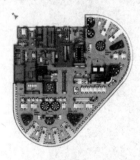 

图6-1　迈腾广告亚洲总部　　　图6-2　迈腾广告亚洲总部结合平面结构布局进行设计
　　　　椭圆形平面布置图

　　办公空间中家具通常是按水平或垂直方式布置的,因为这样更节省空间,也便于办公使用。不过在一些面积比较充裕的地方,也可把家具作斜向排列,以此来活跃空间和增加新鲜感。这种设计一定要注意通道的方便安全,注意整体环境的协调(见图 6-3、图 6-4)。

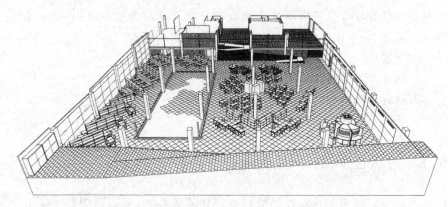

图 6-3　家具作斜向排列的公众服务中心轴测图

图 6-4　家具作斜向排列,以此来活跃空间和增加新鲜感

因此,做平面布局设计时一定要注意对顶棚、照明和立面通盘考虑,应对其界面相互的关系做充分的研究,否则,再好的设计,最后不是成为废纸,就是实施完成后也不尽如人意。总之,好的办公空间平面应布局合理,使用方便,美观大方又具有特色。

6.1.1　办公空间的楼地面装饰工程

办公空间的楼地面常用材料与其他空间的室内装修并无大的区别,只是一般不宜过于奢华。办公空间楼地面在人们的视线范围内所占的比例较大,因此应在综合考虑诸多环境因素的前提下,精心设计并选择正确的地面材料。办公空间的楼地面材料应满足以下四点要求。

第一,要满足隔声要求。隔声要求包括隔绝空气声和撞击声两个方面。当楼地面的质量较大时,空气声的隔绝效果较好,且有助于防止发生共振现象。撞击声的隔绝途径主要有两个:一是采用浮筑或夹心地面;二是采用弹性地面。前一种构造施工复杂,而且效果一般。弹性地面的做法简单,而且弹性材料不断发展,为隔绝撞击声提供了条件。

第二,要满足吸声要求。一般来说,表面质密光滑、刚性较大的地面,如大理石地面对声波的反射能力较强,吸声能力极小。办公空间大都需要安静,一些过于坚硬或撞击声较响的地面材料应慎用。而各种软质地面都可以起到比较大的吸声作用,例如,地毯的平均吸声数达到 55%。因此对于吸声要求较高的办公空间,应注意选择和布置地面材料。

第三,满足防潮、防静电要求。某些资料和设备室需要防潮、防静电时,地面材料应首先符合其要求,其次满足装饰方面的要求。办公楼地面是整个装饰工程的重要组成部分,对整个顶棚的装饰能从整体的上下对应及上下界面巧妙的组合,使室内产生优美的空间序列感。

第四,楼地面的装饰与空间的实用机能也有紧密的联系。例如地面导示标志、地面图案与色彩设计,对烘托办公室内环境气氛与风格具有一定的作用。因此,办公空间地面的装饰设计要结合空间的形态、家具饰品的布置、人的活动状况以及心理感受、色彩环境、图案要求、质感效果和空间的使用性质等因素综合考虑,妥善处理好楼地面的装饰效果和功能要求之间的关系。

6.1.2 办公空间的楼地面装饰常用材料

1）石材。

在办公空间装修中，由于投资限制等原因，往往不宜大量采用石材作地面。更多的是只在门厅、楼梯、外通道等地方使用档次稍高或者拼花图案的石材，以丰富装修设计（见图 6-5～图 6-8）。而较大面积的地面则根据具体需要选用其他材料。

图 6-5 大理石办公空间通道

图 6-6 办公空间入口大理石地面

图 6-7 花岗石门厅

图 6-8 石材装饰楼梯

　　在办公空间装修中常用石材有大理石和花岗石两大类,前者硬度低但花纹漂亮,可作地面的拼花图案;后者硬度较大,适合作地面材料(见附图 153、附图 154)。石材地面坚实光亮,块面大,有天然纹理,自然、美观且易清洁,但因属天然材料,会因产地、储存量和加工水平的不同,在效果、价格和档次上出现很大差别,所以在挑选时要慎重。

　　2)耐磨砖和釉面砖。

　　耐磨砖和釉面砖是由工厂大批烧制的陶瓷产品。耐磨砖是全瓷化的产品,质地坚硬耐磨,具有整洁、花纹均匀的特点,且造价远低于天然石材,还可抛光,抛光后光洁明丽,但造价也相对高些,这也是目前使用较多的地面材料。常用的耐磨砖有玻化砖,玻化砖有珍珠白、浅灰、银灰、绿、浅蓝、浅黄、黄、纯黑等多种颜色或彩点,玻化砖可以获得酷似天然大理石和花岗石的质感与效果(见图 6-9)。釉面砖是在陶片表面上釉烧制而成的,花色图案丰富且售价低,但不如耐磨砖经久耐磨,用久后易脱釉变色,故常被用于普通办公空间(见图 6-10、图 6-11)。常用的釉面砖还有陶瓷锦砖,俗称马赛克,也广泛用于办公空间墙地面,对空间进行设计点缀(见图 6-12)。

图 6-9　办公空间玻化砖地面

图 6-10　釉面砖式样 1

图 6-11　釉面砖式样 2

图 6-12　陶瓷锦砖卫生间

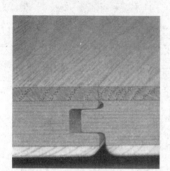

图 6-13　复合木地板结合处

3）木质地板。

木质地板具有优雅、自然、吸潮和走动安静的优点，木质地板最大的缺点是不耐磨，必须精心护理才能耐用。所以木质地板多被用于高档和环境优质的办公空间。强化复合木地板因其吸潮、不易产生静电、相对实木地板耐磨等优点，被现代办公空间大面积采用（见图 6-13、图 6-14）。

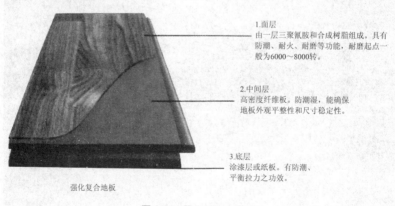

强化复合地板

1.面层
由一层三聚氰胺和合成树脂组成。具有防潮、耐火、耐磨等功能，耐磨起点一般为6000～8000转。

2.中间层
高密度纤维板。防潮湿，能确保地板外观平整性和尺寸稳定性。

3.底层
涂漆层或纸板。有防潮、平衡拉力之功效。

图 6-14　强化复合木地板

　　木地板按条木地板构造分为实铺木地板与空铺木地板两种。实铺木地板如图 6-15 所示，要求铺贴密实，防止脱落，因此，应特别注意控制好条木地板的含水率，基层要清洁，木板应做防腐处理。实铺木地板高度小，经济实惠。空铺木地板由木基层（地垄墙、垫木、木格栅、剪刀撑、毛地板）和面层构成（见图 6-16）。

图 6-15　实铺木地板　　　　　　　　　　图 6-16　空铺木地板

　　实木地板常用于开放式办公室和高级办公室的地面装饰（见附图 155～附图 157）。尤其是经过表面涂饰处理的实木地板，既显露木材纹理又保留木材本色，给人以清雅华贵之感。

　　实木条木地板的选料原则如下：

　　(1) 检查木材是否同一种树种，色差是否明显，有无天然缺陷；

　　(2) 检查地板含水率，应为 8%～13%；否则极易翘曲变形；

　　(3) 检查加工精度，首先看地板表面外观质量，注意光洁度（有无气泡、麻点，漆膜是否饱满），板面应平整光滑，纹理清晰；再看地板加工尺度，厚薄是否一致（误差应小于 0.5 mm），接缝不应大于 0.2 mm，拼成正方形检测（误差应小于 1 mm）；最后检查表面硬度，用指甲稍用力划刻不应有痕迹。

　　4) 地毯。

　　地毯的优点是温暖、优雅、亲切、吸声、质地柔软、脚感舒适、使用安全等，同时还具有隔热、防潮的作用；缺点是易脏和不易清洗，不如其他材料经久耐用，所以多用于高级管理人员办公空间、会议室和多功能活动室等办公场所（见图 6-17）。

图 6-17　地毯系列

　　地毯是用动物毛、植物麻、合成纤维等为原料,经过编织、裁剪等工艺加工制造的一种地面装饰材料。在装修中,地毯在办公空间中无论是满铺还是作为地面的局部装饰,都能达到不错的装饰效果(见附图 158、附图 159)。

　　地毯按材质可分为纯毛地毯、混纺地毯、化纤地毯和塑料地毯等。

　　(1) 纯毛地毯。

　　纯毛地毯主要原料为粗绵羊毛,纯毛地毯的手感柔和,拉力大,弹性好,图案优美,色彩鲜艳,质地厚实,脚感舒适,并具有抗静电、不易老化、不褪色等特点,是高档办公空间装修中地面装饰的主要材料(见图 6-18)。但纯毛地毯的耐菌性、耐虫蛀性和耐湿性较差,价格昂贵。根据制作工艺的不同,纯毛地毯分手织、机织和无纺三种。手工地毯价格较贵;机织地毯相对便宜;无纺地毯是较新品种,具有消声抑尘、使用方便等特点。由于纯毛地毯

图 6-18　纯毛地毯系列式样

价格相对偏高,容易发霉或被虫蛀,故而常用于办公空间局部装饰,例如会客厅、管理人员办公室等(见图 6-19、图 6-20)。

图 6-19　会客厅纯毛地毯局部铺设　　　　图 6-20　管理人员办公室地毯铺设效果

（2）混纺地毯。

混纺地毯是在纯毛纤维中加入一定比例的化学纤维而制成的(见图6-21)。混纺地毯在图案、花色、质地、手感等方面与纯毛地毯差别不大,但却克服了纯毛地毯不耐虫蛀、易腐蚀、易霉变的缺点,在大大提高地毯耐磨性能的同时,也降低了地毯的价格。混纺地毯的使用范围广泛,在高档办公空间中成为地毯材料的主导产品(见图 6-22)。

图 6-21　混纺地毯　　　　图 6-22　混纺地毯在高档办公空间中的效果

（3）化纤地毯。

化纤地毯也称为合成纤维地毯，是以锦纶（又称尼龙纤维）、丙纶（又称为聚丙烯纤维）、腈纶（又称聚乙烯蜡纤维）、涤纶（又称为聚酯纤维）等化学纤维为原料，用簇绒法或机织法加工成纤维层面，再与底料的麻布缝合而成的地毯（见图6-23）。其质地、视觉效果都近似于羊毛，鲜艳的色彩、丰富的图案都不亚于纯毛地毯，具有耐磨、富有弹性、防燃、防污、防虫等特点，清洗维护都很方便，在一般办公空间中被广泛使用。化纤地毯以尼龙地毯为多。用尼龙织造的地毯耐磨而富有弹性，不易老化，耐磨、耐虫、耐腐蚀、耐拉伸、耐弯曲、耐破损，性能较好。经过特殊工艺的处理，尼龙地毯易燃、易产生静电等问题得到了解决，比较适合铺在走廊、楼梯、大厅等公共区域（见图6-24），一般在中档写字楼装修中使用。

图6-23　化纤地毯系列式样

（4）塑料地毯。

塑料地毯由聚氯乙烯树脂等材料制成（见图6-25）。虽然质地较薄、手感硬、受气温的影响大、易老化，但塑料地毯色彩丰富鲜艳，耐湿、耐腐蚀、耐虫蛀及可擦洗等性能都比其他材质优越，还具有阻燃性和价格低廉的优势，在办公楼装修中多用于门厅、玄关及卫生间入口等地点（见图6-26）。

地毯的铺设方式有两种，即固定式铺设和活动式铺设。

图 6-24　办公空间走廊铺设化纤地毯效果

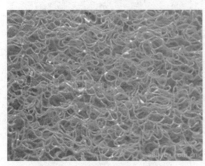

图 6-25　塑料地毯

图 6-26　塑料地毯铺设在办公空间入口

固定式铺设是采用钉倒刺板条或黏合剂将地毯四周与房间地面固定住,人走动时地毯不会产生移动或变形;活动式铺设是将地毯平放在地面上,地毯与地面不需要固定,此方法铺设简单,易于更换。活动式铺设的过程是弹线—铺地毯块—裁边—整理绒毛—压边。通常方块地毯采用这种方法铺设。

5)塑胶地板。

塑胶地板以聚氯乙烯为主,加各种填充剂和配料制成(见图 6-27)。塑胶地板的特点是软硬适中,脚感舒适,还可以通过印刷做出很多图案和仿真花纹,所以花色品种也非常丰富。它还具有重量轻、防震和造价较低的优点;但最大的缺点是不耐磨,所以一般只适合用于人员走动不多,或使用期限短的地面(见图 6-28～图 6-30)。

图 6-27　塑胶地板图样

图 6-28　办公空间大会议室铺设塑胶地板

图 6-29　办公空间铺设塑胶地板造型

图 6-30　办公空间走廊铺设塑胶地板

6）聚醚合成橡胶地板。

聚醚合成橡胶地板具有耐老化、耐油、绝缘性好和防静电的优点。但目前品种较少，表面效果也不如其他材料，故一般只适合用于特殊办公空间，如计算机房等有防静电要求的地面（见图 6-31、图 6-32）。聚醚合成橡胶地板便于通风、走线等，同时也具有装饰功能。产品主要特点如下。

（1）地板表面平整坚实，耐磨、耐烫、耐污染、耐老化，防潮性能优越。

（2）采用特殊工艺封边、封底，外观美观雅致、工艺精湛。

（3）方便安装与更换，承载强度高，具有良好的力学性能和抗静电性能。

（4）设备检查维修、扩充与更新方便，并为计算机系统散热提供了理想的静压风库。

图 6-31　办公空间计算机房聚醚合成橡胶地板　　　　图 6-32　聚醚合成橡胶地板

7）环氧自流平涂料地面。

在对空间的清洁要求越来越高的情况下，出现了一个"新"的地面材料——自流平涂料。目前国外的许多洁净地坪通常采用整体聚合物面层，其中以一种称为自流平涂料的材料为主。由于一般情况下涂料的化学基材为环氧树脂，所以国内一般称它为环氧自流平涂料。目前它在国内被众多的厂家和用户所接受和使用，而在现代办公空间中也渐渐采用这种材料。

环氧自流平涂料是以环氧树脂为涂料成膜物，再通过添加固化剂、无挥发性的活性稀释剂、助剂、颜料和填料配制成的一种无溶剂型的高性能涂料。该涂料固化后表面平滑无接缝，色彩典雅，不易粘污，可保持地面清洁卫生，并具有优良的防水、耐磨和耐化学品侵蚀的性能。其弹性特征能降低噪声，施工时对基层的平整度要求很高，且价格也不低。

随着合成技术的发展，自流平涂料的生产及应用技术得到进一步的发展，如聚氨酯自流平涂料。由于聚氯酯涂料耐磨性更好，一些厂家开始发展聚氨酯自流平涂料。目前这种新的自流平涂料已经在一些工程上得以应用。为了营造一些特殊的装饰风格(如要求表面呈现亚光效果),以前一些厂家或工程公司在施工时只能通过刷子在快干的表面压制出亚光效果,这样可能会导致涂层的不均匀。现在一些厂家通过调整配方,研发出一种具有天然亚光效果的自流平涂料。采用这种涂料,不再需要其他工艺就能获得亚光效果(见附图 160、附图 161)。

8)其他地面材料。

办公空间其他地面材料有玻璃等,如图 6-33 所示。

图 6-33　采用玻璃地面作为办公空间局部地面材料

6.2　办公空间的顶棚设计

顶棚不像地面和墙面那样与人的关系非常直接,但它却是室内空间中最富于变化和引人注目的界面。在办公空间中,不但需要室内有理想的温度和湿度,还要有不同气氛的照明和无处不在的通信手段,以及为工作和娱乐服务的影音设施。这些设施都需要通过电器布线和管道铺设来实现,同时还要便于施工和维修,所以顶棚是最合适的布置管线的地方。因而,在现代装修中,与墙身和地面相比,顶棚是管道线路最多也是最复杂的地方,下面就来仔细分析一下办公空间顶棚设计的功能与形式特点。

6.2.1　顶棚、设施与空间设计原则

办公室的顶棚作为办公室内空间的顶界面,是办公空间室内设计中的一项重要内容。顶棚在一定程度上会左右办公空间室内设计的风格和氛围,现代办公空间顶棚的设计同时要涉及照明、空调、消防等技术要求较高的专业工种的配合和协调。

在进行装修顶棚设计之前,首先应充分了解原建筑顶棚及建筑梁的结构,满足使用功能所需放置的电线、管道和设施。顶棚有可能与消防、空调管线和电器布线的形式一起设计,也有可能是在空调管线和电器布线已设计完,甚至已布置好之后,才开始设计。前者,顶棚设计的主动性大些,但对设计师的知识面要求更高,因为设计师必须懂得电与空调设施的基础知识;后者,设计师较被动,因为消防、空调和电的设施已对顶棚的高度和形式有了相当的限制,但并不意味着设计师便无所作为,好的设计师仍可以在这些限制下发挥才能,设计出高水平的顶棚造型。

6.2.1.1　办公室顶棚上的设施内容

办公室顶棚上的设施主要包括照明设施、空调风口设施、消防设施、检修上人孔等内容。

(1)照明设施。基本采用明装、暗装、半暗装灯具等形式,需要规则布局(见图 6-34)。

图 6-34　办公照明的形式

（2）空调风口设施。有各种类型的送回风口和风机盘管等（见图 6-35、图 6-36）。

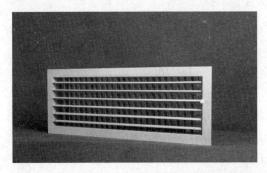

图 6-35　各种类型的送回风口

图 6-36　卡式风机盘管

目前常用气流组织的送风方式为侧送风、散流器送风、条缝送风和喷射式送风。

①侧送风。

侧送风指风口安装在室内送风管上或墙面上，向房间横向送出气流。侧送是空调房间最常用的气流组织方式，工作区通常以回风形成气流。一般高层且面积不大的空调房间，常采用单侧送风。空间较大时，单侧送风射程或区域温差可能满足不了要求，宜采用双侧送风。一般侧送风口尽量布置在房间较窄的一边（见图 6-37、图 6-38）。

图 6-37　侧送风室内景　　　　　　　　图 6-38　风口与界面整体的有机结合

②散流器送风。

散流器是一种安装在房间上部的送风口，一般用于层高较低并且有吊顶的空调房间。其特点是气流从风口向四周辐射状射出，保证空间有稳定而均匀的温度和风速。散流器送风的形式有圆形、方形或长方形等。散流器中心线与侧墙的距离一般不小于 1 m（见图 6-39、图 6-40）。

图 6-39　方形散流器送风设备　　　　　　图 6-40　方形散流器送风室内景

图 6-41　条缝送风吊顶

③条缝送风。

条缝形送风口的宽长比大于 1：20，有单条缝、双条缝和多条缝之分，其特点是气流衰减较快。可把条缝送风口设置在侧墙上，也可将条缝送风口安装在顶棚内，并与之持平，甚至可与采光带结合布置，使顶部造型更显简洁（见图 6-41）。

④喷射式送风。

喷射式送风也称喷口送风，一般是将送、回风口布置在同侧。风速高，风量大，风口少，射程长，并形成一定回流带动室内空气进行强烈的混合流动，保证了新鲜空气、温度、速度的相对均匀。喷射式送风主要用在空间比较高（一般在 6 m 以上）的建筑中，如办公空间的接待大厅、大型会议室等（见图 6-42）。

图 6-42　喷射式送风

（3）消防设施。有烟感报警器、消防喷淋器、吸顶式紧急照明系统、紧急广播系统、吸顶式机械排烟口、防烟分区垂幕等（见图 6-43～图 6-47）。

图 6-43　烟感报警器

图 6-44　消防喷淋器

图 6-45　喷淋器安装图

图 6-46　吸顶式紧急照明系统

图 6-47　防烟分区垂幕

自动报警系统的形式分为三大类：区域报警系统、集中报警系统和控制中心报警系统。探测器（俗称探头）一般包括感烟探测器（也称烟感器，如离子感烟探测器和光电感烟探测器）、感温探测器（也称温感器，如含差温探测器、定温探测器、差定温探测器）、火焰探测器（如红外线火焰探测器、紫外线火焰探测器）、可燃气体探测器等。

自动喷水灭火系统一般有湿式喷水灭火系统、干式喷水灭火系统、预作用喷水灭火系统、雨淋喷水灭火系统、水幕系统等。

自动气体灭火系统是消防报警系统的一个重要组成部分，主要应用于建筑的核心部位，如保安监控中心、电话机房、计算机房、书库、档案室等，通过喷射灭火气体，达到扑灭火焰、保护控制区域内物品不受损坏的目的。

消防设备的安装位置有着严格的规定，在室内装修中注意避让消防设备是一个重要问题。比如在设计时防火卷帘下面就不可摆放办公家具和陈设等，以免影响防火效果。和相关专业人员相配合，做到既尊重科学，又能使探测器和喷头不影响美观，与办公室内环境形成一个有机整体。

（4）用于顶棚内部检修的上人孔，如图 6-48、图 6-49 所示。

图 6-48　检修上人孔

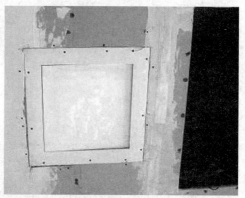

图 6-49　吊顶检修上人孔安装图

6.2.1.2　办公室顶棚设计的原则

办公室顶棚设计主要有以下原则。

（1）在满足各专业工种要求的基础上，应尽量使各种设施排列整齐。

（2）风口的形式和色彩应同整体风格一致，并应同灯具浑然一体。

（3）顶棚的高度应协调好空调、照明等工种的关系。

（4）顶棚应采用便于拆装、分块模数的装饰材料，如矿棉板、穿孔铝合金板等。

（5）如不采用全部吊顶的方式，应对顶棚内的各类设施的表面色彩统一处理，并应根据办公空间降噪要求设置局部的吸声材料，满足办公室内声环境的需要（如图 6-50～图 6-54）。

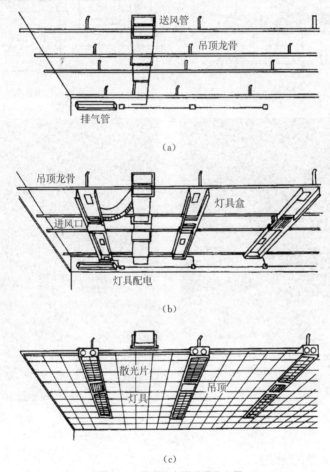

图 6-50　吊顶分步骤透视示意图

（a）吊顶龙骨风道等；（b）加灯具盒送风口；（c）吊顶外观透视图

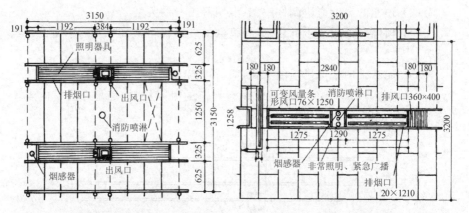

图 6-51　办公空间顶部设备安装尺寸图 1　　　　图 6-52　办公空间顶部设备安装尺寸图 2

图 6-53　办公空间顶部结构图 1　　　　　　图 6-54　办公空间顶部结构图 2

6.2.2　顶棚的造型

办公空间的顶棚应简洁大方。办公空间布满了设备和家具，顶棚常是办公空间内人员视觉停留和放松的地方之一，因而简洁的顶棚既有利于对比,又可以降低环境的凌乱感。如果工作空间内是吊平顶,作为一种装饰的补偿,在门厅、会议室和通道,则可以设置别致的天花吊顶造型,从而避免整个环境的吊顶过于单调,有助于提高办公吊顶的装饰性,体现出一些独特的造型特点。工作空间的顶棚虽然要求简洁大方,但不等于呆板平淡、千篇一律。可能的话,在设计中要力求简洁中见新意,大方中求独特。

以下对常见的顶棚形式作一些介绍,但每种形式并非一种固定的面貌,而只是一种类型,每种类型通过设计还可产生千变万化的独特面貌。

(1)平整式顶棚。

平整式顶棚是一种最简洁和简单的吊顶,顶部平面吊木方或金属的骨架,再钉上或放上各种平面的夹板、石膏板、金属板或复合板即可。平面吊顶分固定和活动两种,前者是钉上后再刮灰和涂喷颜色,所以整体效果更平整、简洁。后者饰面通常已先做好,放在框架上即可,完工后的顶棚表面通常有格状或条状的装饰线,虽不如前者简洁,但便于维修。平面吊顶形式虽简单,但仍可通过平面的分割、接缝宽窄起伏的处理、色彩的变化、照明的方式等,塑造出各种风格独特的造型。使用平面吊顶的前提是要有足够的高度,如面积在 $30\sim40\ \mathrm{m}^2$ 的工作空间,吊顶净空高度最好在 2.5 m 以上,如果是更宽大的空间,则相应要更高些,否则,就会有压抑感(见图6-55~图 6-58)。

 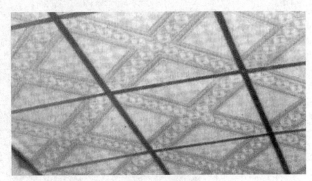

图 6-55　嵌装式装饰石膏板吊顶

图 6-56 穿孔石膏板

图 6-57 穿孔石膏板平面吊顶

图 6-58 石膏板平面吊顶

（2）叠级造型。

叠级造型是指在同一个空间中，把顶棚设计成一级到多级不同的高度。

这种吊顶的优点是:较低的位置可以放置管道、线路或所需的照明,而其他的位置则可争取较高的空间,可使空间显得有层次感。这种造型的吊顶多用于门厅、大型会议室、通道、高级行政人员工作空间等地方,特别是在一些高度不足,而原建筑结构梁又比较多的空间中使用。做此形式顶棚设计时,一定要注意顶棚和平面、立面的协调关系,顶棚的叠级的位置应与平面的布置有相应的关系,所形成的高低空间应符合使用者的使用功能和心理习惯。例如,人走动或站立的公共空间可适当高些,坐下休息的空间可以相对低些,相反,就会显得不协调。顶棚高低落差的位置,最好不要卡在家具或造型上,否则也是难以协调的。另外,顶棚造型有导向作用。例如,一条笔直成行的通道顶棚,如果下面是不规则的障碍物,那么除非人们小心翼翼地行走,否则就容易碰伤。最后还应注意叠级顶棚与立面的整体关系,如果立面造型丰富且复杂,那么顶棚就应尽量的简洁;相反,则应在顶棚造型上力求丰富多变(见图 6-59)。

图 6-59　叠级造型吊顶

　　(3) 局部叠级和局部吊顶顶棚。

　　局部叠级和局部吊顶顶棚是把管道、建筑梁或照明部分作造型顶棚,而保留其他部分的原建筑顶棚。这种形式由于可以在有效包管布线后,还可以最大限度地利用原建筑的高度,所以特别适合一些楼层低矮,但建筑梁柱比较规则的建筑。还可在承重结构下悬挂各种板材、格栅或饰物,构成局部吊顶顶棚。

　　办公空间采用这种设计时不但要注意造型顶棚和原建筑顶棚的协调关系,也要注意顶棚、平面和立面的关系。在开敞办公区里采用这种设计可对局部区域进行限定(见附图 162～附图 164)。

　　(4) 不吊顶棚。

　　在一些较低矮且管道线路又多的楼层中,不吊顶棚,而让所有的管道和线路都外露,也是一种"顶棚"形式。虽说无顶棚,但总体造价有时会更高些。因为管道和线路外露,便需要精心的设计和安排,布局要尽量均匀美观,通常要作水平垂直排列,一些主要管道和线管要精心设计安排。另外,在布线管完成后,还要用油漆把所有线路、管道、原建筑顶棚和建筑梁都喷成统一颜色。这种形式的优点是能使室内得到最大的空间,并有机械式的现代美感,各线路和管道日后维修和改动也较方便;缺点是形状复杂,容易挂灰尘,吸光较大,空调费用会相应增加(见附图 165～附图 167)。

　　(5) 光棚式顶棚。

　　光棚式顶棚是在吊顶的部分或全部用木或金属作图案框架,在架上放置透光片(通常为喷砂玻璃、塑料灯片等材料),在棚架上排布日光灯,灯光通过灯片的散射使整个顶棚通亮,如同天窗透光的天花造型形式。此形式的优点是光照均匀、自然。在一些高度不够,但又需吊天花的空间中,可以通过透光效果,给人以高于实际尺度的空间感。其缺点是造价较高,耗电也较高,透光片要定期清洁(见图 6-60)。

　　(6) 其他顶棚。

图 6-60　办公空间光棚式顶棚

　　在现代办公空间中,还常用金属板或钢板网、塑料格栅做顶棚的面层。金属板主要有铝合金板、不锈钢板、镀锌铁板、彩色薄钢板等。可以根据设计需要在钢板网上涂刷各种颜色的油漆、在不锈钢板上打圆孔。这种形式的顶棚视觉效果丰富,颇具有时代感。塑料格栅多为装配式的构件,组合装配后可以作为敞开式吊顶室内装饰(见附图 168)。

6.2.3　顶棚与平、立面的关系

办公空间设计的程序应是先进行平面布局,再以此为基础进行顶棚的设计,由此可看出平面与顶棚是一种重叠的关系。相比之下,立面则有更多的独立性,首先它与顶棚不存在重叠关系。其次立面往往有文件柜、间壁、窗户等形态各异的造型,在形状上与顶棚差异很大。从整体来看,既然立面与顶棚的对比较强烈,如果加强顶棚与平面的呼应关系,对形成整体环境气氛有很大好处。顶棚与平面的造型可用协调或对比的手法来处理。如立面造型复杂,文件柜和摆设又多,那么顶棚与平面最好采取较协调的形式,如顶棚采用吊平顶或稍带韵律感的简洁造型,地面则用单色的材料或与顶棚造型相呼应的柔和的拼花图案,用协调的天花吊顶和地面造型衬托立面的变化。总之,吊顶、平面和立面是三位一体构成整个空间环境的。三者在形式上若平分秋色,则环境的整体气氛较弱,不是难以协调就是过于单调;三者之间形体和色彩若采用 2∶1 的对比关系,则对塑造环境的整体氛围更有利,各种关系也更容易处理。

6.2.4　办公空间顶棚的常用材料

办公空间顶棚用材与其他装修并无太大的区别,主要取决于办公空间的特点。以下就对办公空间常用的顶棚材料进行简单的介绍。

(1) T 形龙骨顶棚。

所谓 T 形龙骨,实际上是倒 T 形的型材,有喷色轻钢骨和铝合金两种,分宽龙骨和窄龙骨两种,通常可构成 600 mm×600 mm 的方格,格中再放防潮钙化板、矿岩棉板、铝板或棉板即可(见图 6-61～图 6-63)。

(2) 扣板顶棚。

扣板顶棚分条形和方形两种,材质有铝、不锈钢和塑料三大类。其中条形的造价稍低,而方形的方便检修(见图 6-64)。

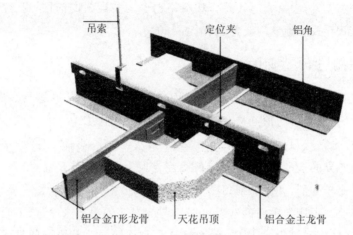

图 6-61　铝合金 T 形龙骨顶棚构架图

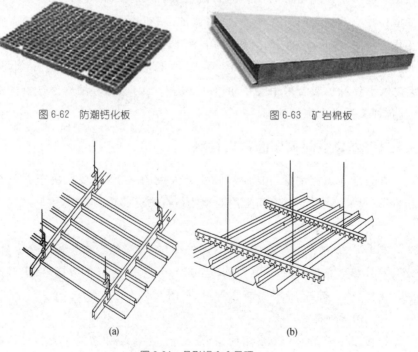

图 6-62　防潮钙化板

图 6-63　矿岩棉板

（a）　　　　　　　　　　　　　　　　（b）

图 6-64　条形铝合金吊顶

（a）开缝条形板；（b）密缝条形板

（3）木龙骨顶棚。

木龙骨顶棚是以木方做骨架，架上钉夹板，再做刮灰和饰面处理。因易于施工和设计造型，是传统装修中最常用的顶棚形式。但木材属易燃物，木方与夹板均要按标准涂防火漆，按照国家防火规定，在公共场所不允许大面积使用木龙骨顶棚，而只能用于顶棚中需要做造型的部分。因是密封式顶棚，故而要留维修口（见图 6-65、图 6-66）。

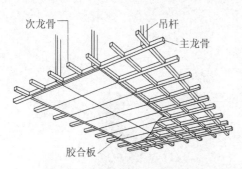

图 6-65　胶合板木龙骨吊顶

图 6-66　局部木吊顶前台

（4）轻钢龙骨石膏板顶棚。

先安装轻钢龙骨框架，再用螺钉固定大块石膏板，然后再刮灰和涂乳胶漆或做其他饰面。这是目前因防火原因不能用木质顶棚时，做无缝平面顶棚的最佳选择。因是密封式顶棚，故而要留维修口（见图 6-67～图 6-69）。

图 6-67　轻钢龙骨石膏板顶棚

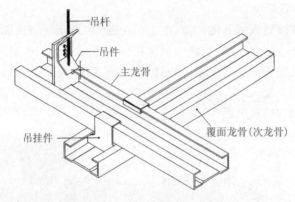

图 6-68 轻钢龙骨顶棚构造

图 6-69 轻钢龙骨石膏板顶棚效果

（5）塑料格栅顶棚。

塑料格栅多为装配式的构件，组合装配后可以作为开敞式办公空间吊顶的室内装饰。这是一种将棚面的空间构造和灯光照明效果综合处理的设计形式。由于预制的塑料格栅板在空间中呈规则排列，周期性变换，故在艺术上给人以工整规则、整齐划一的工艺概念和机械韵律感。这种格栅可采用透明、半透明、单色（彩色）、电镀、仿铝合金等不同的塑料制品，以强化其装饰性。其经济效果优于金属板格栅（见图 6-70、图 6-71）。

图 6-70　办公空间格栅吊顶

图 6-71　办公空间格栅吊顶设计

　　另外,还有一些为创造表面特殊效果而选用的特殊材料,如玻璃、金属、原木、石膏浮雕等吊顶材料(见附图 169、附图 170)。

6.3　办公空间的立面设计

　　在办公空间平面设计时,已对立面的使用有了位置的限定,在吊顶设计中已定好了顶棚造型和照明方式的位置。也就是说,实际上立面的设计已经有了许多的限制,立面的设计就是在这些限制的前提下,不但要有好的使用功能,还应该有新颖大方和独特的形象特征。另外,立面有四个面,而顶棚和地面都各只有一个面,所以立面是面积最大的装修部分,往往也是装修投资最大的部分。立面设计得好坏,可能对整个装修产生决定性的影响。办公空间壁和柜是办公立面设计的重要组成部分,已经在本书第4单元的办公家具设计中进行了详细说明,接下来就从门、窗、墙体、玻璃间壁和纯装饰设计这五个方面进行介绍。

6.3.1 门的设计

门是开合活动的间隔,门本身具有防盗、遮挡和开关空间的作用,但办公空间的门却与住宅门并不完全相同。办公空间大门对防盗性要求很高,办公楼的主入口,常常使用保安值班或电子监视,使用通透堂皇的大门。现在一般办公空间的大门(除了个别特殊行业外),大部分都采用落地玻璃或通透的玻璃窗作为大门,其作用是让路人看到内部空间企业形象设计,起到广告宣传的作用(见图6-72)。如果同时还希望加强其防盗性,便在外面加通花的金属门。因大门一般都较宽大,有两扇、四扇、六扇,其宽度为2000~10000 mm。而外加的通花防盗门,目前用得最多的是不锈钢的通花卷闸门。这种通花卷闸门白天卷起隐藏在门檐上面,下班后通过手动或电动拉下(见图6-73)。

图6-72 办公楼大门   图6-73 卷闸门

办公空间大门虽有诸多功能限制,但装饰还是可以很精致的。传统的大门,都是先用木材或金属等硬(韧)度较好的材料作框,然后再封板或镶玻璃而成。门上可装饰各种图案和开各式的窗口,还可在门窗上做木或金属的通花,更显其精细和豪华。这类形式的门,有豪华稳重感,但目前用得更多的是落地玻璃门。采用厚度不小于 12 mm 钢化玻璃,通过安装不同的玻璃门夹而具有不同的造型。因为落地玻璃门较重(12 mm 厚玻璃的密度为 $22\sim24\ kg/m^2$),所以一般要用地弹簧方式开合。大门的玻璃还可做刻花和喷沙的图案,以显其精致。目前办公室大门的拉手也越来越讲究,品种繁多,拉手的装饰作用尽管很大,但对安全影响并不大(见图 6-74)。玻璃门夹和优质地弹簧如图 6-75 所示。地弹簧还具有回位准确和分级缓慢回位等优点。大门的外形常见的是长方形,但在不影响开关的前提下,也有弧形和梯形等形式。但异形门造价高,且不如方形门牢固,所以在设计时除特别要求的效果外,不宜多用。

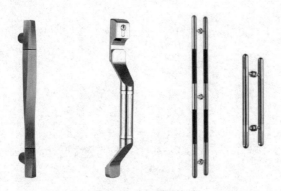

图 6-74　大门系列拉手

大门的开关形式有推掩式、推拉式和旋转式。旋转式门可以保护室内空气,减少空气外流,起到保温作用。但旋转式门由于通行不大方便,且占空间较多,当遇到火灾时不利于人群疏散。所以在设计时,在旋转门的两边必须设计多扇推拉门(见图 6-76)。

与大门配套的一般还有门套,其作用是固定大门并承受大门开关时产生的扭力,因此一定要结实。门套的内结构一般是角钢焊成的架子或直接用钢筋混凝土浇铸,外饰面多为石材或金属。设计造型时,除要注意整体效果外,还要注意结构的牢固性、安装的可能性和材料收口的美观性。

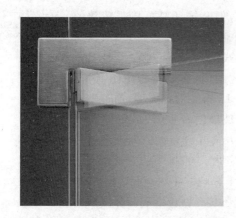

图 6-75 玻璃门夹

图 6-76 旋转门

房间门可根据普通办公空间、主管办公空间和使用功能、人流量的不同而设计不同的规格和形式。按不同的使用功能可分为单门、双门、通透式门、全闭式门、推开式门、推拉式门(见图 6-77~图 6-80)等,造型也可以千变万化。在一个办公楼中,可能会存在多种形式的门,但其造型和用色应有一个基调,要在塑造单位整体形象的主调下,进行变化和统一。以下几项规则可供学习参考。

图 6-77　单门

图 6-78　推拉式门

图 6-79　推开式门

图 6-80　通透式玻璃门

　　（1）门的造型可根据客户的业务性质以及与整体装饰环境的关系来构思（见附图 171、附图 172）。

　　（2）确定门与环境对比或协调的关系及其程度。如整体环境空间小，并且陈设比较多，那么门的形式应简洁些，不要增加办公空间的复杂性；如整体环境为单调的文件柜或者是玻璃间壁，那么门的设计便应起到画龙点睛的作用，可设计得新颖醒目。

（3）如果门的周围是全玻璃间隔或半玻璃间隔，门的造型最好也留有与之呼应的玻璃窗，这样有利于造型的协调。反之，玻璃间壁衬托全封闭门或全封闭式间壁衬托全玻璃门，会形成非常强烈的对比，如果能处理恰当，也可成为一种大胆的、个性化的形式。

（4）应在办公空间的门或门套的醒目位置留出办公室部门名称的位置，可用铜牌、不锈铜牌刻字，也可直接雕刻或印贴在门的玻璃上。名称牌放在门套上不如放在门上醒目，但放在门套上则不会因打开门而看不到名称牌（见附图173、附图174）。

（5）门的尺度要适中，太小显得小气，太大除要考虑比例协调外，还要考虑其长久使用的牢固性。如果是板式或空心结构的门套，在装门的铰链和锁的位置要进行加固。

（6）门的拉手和锁是既有用又醒目的装饰配件，要认真选配。门锁是易耗损配件，应尽量选质量好的。现在高档的办公楼大门还增加了指纹锁（见图6-81）。

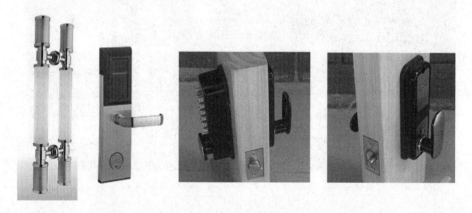

图6-81　门拉手、指纹锁系列

（7）门套的设计。门套和门相比，因不用活动，所以进行造型的余地就会更大。在一些创意或娱乐的单位（如设计公司、娱乐行业），其门套造型可以做得非常个性化，塑造强烈的企业形象（见图6-82）。除大门外，室内间隔的门也应是设计重点考虑的方面。窗与玻璃的间隔较多，剩余的墙面多为文件柜所占据，且所占面积较大、功能性强，不宜过多装饰，所以，立面的房间门和专门设计的装饰往往会成为视觉重点。门和饰物相比具有重复性的特点,所以设计新颖的门排列在整体环境中,能起到很好而且很自然的装饰作用(见附图 175)。如果在开门的一边是玻璃间隔,则门套上应留房间灯控开关位置。门套是固定门的框架,在结构和感觉上都应牢固。当门套是板式或空心结构时,应在安门的活页和锁孔位置进行加固。

图 6-82　广东工业设计城办公入口

6.3.2　窗的设计

窗的形式会直接影响整个建筑的外观,所以一般应由建筑设计来完成。但现代办公建筑窗的面积往往比较大,对办公室内装饰影响也较大,因此,从室内设计角度考虑如何把窗装饰好,仍是值得研究和探讨的问题。办公空间内立面可装饰的部位不多,一组或者一扇造型独特的窗户,有时可对整个环境的装饰构成起重要的作用(见图 6-83～图 6-86)。窗的常用设计方法如下。

图 6-83　独特造型的窗户　　　　　　　图 6-84　带形卡窗

图 6-85　造型独特的窗户 1　　　　　　　图 6-86　造型独特的窗户 2

（1）设计有特色的窗帘盒、窗台板，甚至是整个窗套（见附图 176、附图 177）。

图 6-87　给窗户设计有特色的通花栏网

（2）办公空间的窗帘一般选用百叶帘，也可选用有特色的布艺窗帘。由于窗帘面积大，而且可以采用艺术化的图案和色彩，再加上窗帘造型的多样化和透光效果，其装饰作用很大（见附图 178、附图 179）。

（3）给窗户设计有特色的通花栏网，一方面加强窗户的防盗性，另一方面通过窗户的自然光照射，使窗户成为一处透光的装饰景（见图 6-87）。

（4）利用窗台的内外窗台板作摆设植物的设计，既利于植物生长，又可使窗户成为自然景观之一（见附图 180）。

6.3.3　墙体的装饰

办公空间中墙体装饰材料的选择也是非常重要的,常见的墙体饰面材料包括以下几种。

(1) 壁纸。

壁纸有多种材质和花纹图案,可根据设计效果来选择。壁纸的特点是花纹图案丰富多彩,效果优雅,适合在面积较大的场合中使用,如会议室、豪华宽敞的办公室等(见附图 181)。

壁纸是室内装修中使用最为广泛的墙面装饰材料。其图案变化繁多,色泽丰富,通过印花、压花、发泡可以仿制许多传统材料的外观,甚至达到以假乱真的效果。尤其在当代,随着科技的发展,壁纸的花色品种、材质、性能都有了极大的提高。新型的壁纸不仅花色多样,清洁起来也很简单,可以直接用湿布擦拭墙体。

新型壁纸的材质注重以人为本,纯天然的木材、草、叶、麻、棉、纤维等与环保紧密相关的产品都可成为壁纸的新原料。即便是塑料壁纸,由于增添了助剂,透气性也比以前提高许多,使壁纸不再是房间憋闷的元凶。进口壁纸的环保指标非常严格,不会危害人体健康。新型壁纸的款式、图案之丰富更是让人目不暇接。款式有仿绸缎、仿木纹、仿墙砖的,有平面型、凹凸浮雕型等,图案则有花草、鱼虫、条纹、抽象画、卡通画等,种类繁多。

由于材料的特性,壁纸所呈现出来的质感也各具特色,有表面光滑的、仿石头颗粒的、手感粗糙麻质的等。无论是何种装饰风格都可以找到合适的壁纸。多样的色彩、图案,给办公空间的装饰提供了创意空间。

(2) 乳胶漆。

乳胶漆在现代办公空间墙壁中使用较多。质量好的乳胶漆表面平滑,有柔和光泽,色彩优雅而耐水耐脏。乳胶漆可喷可涂,在面积比较大的办公空间喷的效果比较好。乳胶漆经济实惠,适用于各种造型墙(见附图 182)。

(3) 多彩喷涂。

多彩喷涂(水溶性涂料)性能与乳胶漆相仿,但多了细密的彩点(也有较粗而成花状的),在办公空间中的一些特殊墙面可以小面积使用(见附图

183），但由于凸起的小点容易挂灰尘，而且还缺乏明亮感，所以在现代办公空间中用得不多（见图 6-88、图 6-89）。

图 6-88　砂岩涂料　　　　　　　　图 6-89　立体花纹涂料施工

（4）板材饰面。

板材饰面的施工是先在墙身做木方架，在面上封夹板，然后再贴饰面夹板，表面刷清漆或硝基漆，清漆显自然木纹，效果豪华自然，是较高级的墙饰面。在现代办公空间墙饰中，一般多用作装饰或造型，大面积使用时缺乏亮度和简洁度，效果反而不理想。饰面板有各种档次，同是 2400 mm×1220 mm 的规格板，单价从几十元至几千元不等，在设计中可根据需要做选择（见表 6-1）。在办公空间中选用的板材饰面主要为人造板，人造板可以创造出很好的装饰效果。

表 6-1　饰面板

木质实样	普通名称	简　介	可取性	价格	主要用途
	胡桃木	中等重量，硬度、强度、刚性及耐撞击性较好。木理从不明显到非常明显。心材在阔叶树种中为耐久性最好的心材之一	板材及薄片均容易取得	高价位	板材、壁板、门、橱柜、饰条及地板

续表

木质实样	普通名称	简　介	可取性	价格	主要用途
	橡木	边材是苍白色,心材从淡粉红变化到深红棕色。孔隙多,且有生动的条纹。非常坚硬与强韧,具有非常明显的粗木理条纹。橡木对木工与消费者而言,是最受欢迎的阔叶材	板材及薄片均容易取得	中、高价位	从地板到家具、橱柜,橡木在家居制品中广泛应用
	红枫	木材呈粉红、白色,从边材开始有明显斑点。平淡的木理图案,容易起毛。木材红棕色具有暗条纹,通常纹饰富丽。红枫木具有中等重量、硬度及紧密的木理,但是强度不高	板材及薄片均容易取得	中价位	家具及橱柜
	柚木	落叶乔木,木材呈暗褐色,坚硬,耐腐蚀,纹理明显,涂装及保漆力、涂亮漆及染色都极好。产于东南亚等地	板材及薄片均容易取得	中、高价位	用于造船、车、家具,也供建筑用
	红木	生长在孟加拉和缅甸的潮湿森林中。主要用来制作高级家具。心木部分是商业上有用的木材,光滑,纹理致密,触感凉,相当硬而且非常耐久,略带芳香,易于加工,能磨出光亮	板材及薄片均容易取得	高价位	家具、橱柜、内装材料及木制品

木质实样	普通名称	简　介	可取性	价格	主要用途
	紫檀	该木异常坚硬,有粗而密的纹理和光亮的表面。直径 10 cm 木料,需要生长千年,所以有"寸檀寸金"之说	板材及薄片均容易取得	高价位	家具、橱柜、内装材料及木制品
	花梨木	从宋朝起甚至更早,直到清朝初期,高级花梨木一直是制造日用家具的常用原料。心木为深红褐色,边材为粉褐色,纹理致密,质地细腻,很硬且很重;风干后只有很少的径向裂缝。主要产于云南、广东等地	板材及薄片均容易取得	高价位	家具、橱柜、内装材料及木制品
	榆木	心材为红棕色到深棕色,边材狭窄,由灰白色到淡棕色。木理图案明显,材质重、硬、强度高,粗木理	薄片及板材有限	中价位	家具、曲柄新型制品、木制工具容器及壁板
	南方松木	南方松木可以从宽的黄白色边材及窄的红棕色心材加以鉴别。图案由素净到多节皆有。中等重量,硬度、强度、强韧、抗冲击性中等	板材及薄片均容易取得	中价位	框架、覆板、地板下层、托梁、内装材料、建筑内装及家具
	椴木	乳白色到淡棕色,木理紧密、不明显。是一种轻、软的木材,胶黏性良好,是极优良的木工教学材料	板材易取得,薄片少用	低价位	容器、木制用具新型、成型器具、暗板、乐器、拼板木心板及薄片嵌条

软木材料在办公空间运用较多。软木(即栓皮)是以栓皮栎树种的树皮为原料加工而得的。我国的栓皮树种主要是栓皮栎和黄菠萝。栓皮栎树皮的外皮特别发达,质地轻软、富有弹性,厚的头道皮可达 6 cm,一般为2～3 cm。其主要特性是导热系数小、弹性好,在一定压力下可长期保持回弹性能,摩擦性好、吸声性强、耐老化。广泛应用在室内装饰领域,在如今的办公空间中成为一种新型的装饰材料(见图 6-90、图 6-91)。

图 6-90　软木材料

图 6-91　软木材料用作楼梯踢脚线

（5）壁毡类。

用壁毡作饰面,效果柔和亲切,有吸声作用,还可以多次摁图钉而不留痕迹,特别适合临时钉挂图片的墙壁;但易沾灰尘,脏时需用特殊喷剂清洗,清洗次数过多易损坏。一般用在会议室墙壁和展示柜内壁墙面。

（6）石材壁。

通常石材包括大理石和花岗石两种,石壁具有天然花纹,坚硬光亮,易于清洁,且经久耐用。但造价高,工艺难度较大,通常只适合作门厅墙壁或走廊的部分造型装饰。在室内用石壁过多,不但造价高,而且有冷冰冰的感觉,所以一般不适合大量使用。

在室内局部空间还可以运用一些文化石,例如接待台。文化石石料质地坚硬,几乎能与任何风格的陈设、地毯或其他饰物取得默契的配合。由于多数石料不易渗水(多孔性石类,如砂岩则不在此例),所以它常用于过往行人频繁、潮气较重的场所,例如卫生间(见图 6-92、图 6-93)。

图 6-92 文化石墙面   图 6-93 办公空间文化石走廊

（7）人造砖材壁。

人造砖材壁指有各种规格、质感、色彩和图案的方形、条形砖和瓷片，其特点与石材壁相近。虽然目前已有 1000 mm×1000 mm 的较大规格板材，但仍无法与大规格的天然石材相比。作门厅墙壁，档次不如天然石材；作办公空间的墙壁又易显冷清，故目前除卫生间和一些易潮湿的墙面使用之外，其他地方用得不多。但现代办公空间装饰常喜欢用自然风格和"后现代主义"风格，所以又可常见到这种材料（见图 6-94）。

图 6-94 现代办公空间中的人造砖材壁

（8）组合材料壁饰。

以上所讲的壁饰材料均是作独立介绍的，但如果在设计过程中，能取两种以上的材料，穿插组合使用，构成较大面积的装饰壁，效果也会很好。如木材与石材的组合、木材与壁毯的组合等，均可取各种材料之优点，并在色彩和质感上形成自然对比，产生丰富的效果。但此类壁饰要注意办公空间的风格特征和与整体的协调关系,否则容易使人眼花缭乱,反而降低整体档次。

(9) 特殊用途壁。

随着信息技术的发展和普及,信息传播和沟通的要求无处不在,在办公空间设计中尤为如此,所以各种信息墙就用得越来越多。技术含量较低的用途壁有装裱了漂亮饰面的铁皮墙,只要用小磁铁块就可以压贴各种通知、海报等视觉传达资料,还有放投影专用的白色亚光壁;技术含量较高的有 LED 墙和电视屏幕组合墙,可直接与电脑屏幕同步直播影视和图像资料。

以上均为目前常用壁饰材料,实际上壁饰材料的发展是日新月异的。另外,不同的设计师,有不同的想象创造力和设计风格,若能出奇制胜地采用新材料或新的材料组合,也同样会有很好的效果,只要符合实用、大方、美观和有助单位形象塑造的原则即可。

6.3.4　玻璃间壁

除少量必要的实壁之外,一般办公空间较流行用玻璃间壁,特别是走廊间壁,其原因为:一是领导可对各部门一目了然,便于管理,各部门之间也便于相互监督与协调工作;二是可以使同样的空间在视觉上显得更宽敞。因此,玻璃间壁便成了现代办公空间中立面面积较大的一个部分,以下是玻璃间壁的常见形式及其特点。

(1) 落地式玻璃间壁。

落地式玻璃间壁的特点是通透、明亮、简洁。因其面积大,故应用较厚的玻璃(如厚度 12 mm 或以上,如造价允许,最好用钢化玻璃)。这种间隔往往不是直接落地,而是安在高 100~300 mm 的金属或石材基座上,基座的作用是防撞和耐脏。这种间壁设计的前提是:室内空间够宽敞,家具布置与间壁有一定距离,否则,紧靠玻璃的家具面不易清洁,在玻璃外面看就会更加脏乱,反而会降低装修的档次(见图 6-95)。

(2) 半段式玻璃间壁。

半段式玻璃间壁即是 800~900 mm 高度以上为玻璃间壁,下面可以做文件柜,也可是普通墙壁。这种形式的间壁与落地式玻璃间壁具有相似的优点,而且还较适合空间紧凑的办公空间,因其既可紧靠间壁摆设家具,也可增加文件储存的空间(两者同时使用时,要注意存取柜内物品的便捷性)。

图 6-95 落地式玻璃间壁

这种间壁在通透宽敞方面则不如落地式玻璃间壁(见图 6-96)。

图 6-96 半段式玻璃间

（3）局部式落地玻璃间壁。

局部式落地玻璃间壁即在间壁的某部分作落地式或半段式玻璃间壁。此形式的优点是能保留一定的墙壁或壁柜空间，也可留下通透的位置。但在通透和视觉宽敞方面不如前者，而且在设计上一定要特别考究，否则易显小气。

以上玻璃间壁，均可在壁和玻璃部分再做各式金属或木质的通花格造型，以增加豪华感。在玻璃表面，也可做局部喷砂或贴各种带花纹的透光窗纸，还可在透明部位装各式的窗帘。

6.3.5　装饰壁画与装饰造型

在一个处处是文件柜和工作台的办公环境中，适当设计一些装饰景与装饰造型，对美化环境、体现企业文化形象是很有必要的。

办公空间中的装饰景与造型有两种：一种是根据整个环境需要而设，另一种是为"遮丑"而设。前者是从大局出发，在需要的地方设置专门的壁画、装饰造型、园林小景或艺术品陈设柜；后者是因建筑结构和使用功能而产生的有碍美观的物体，如排水和排污的管道、建筑梁柱上的外加固结构等，它们直接影响整体布局，对此，如果能花些心思，化"腐朽"为神奇，使其成为装饰或者装饰兼实用的造型，应是最佳的解决方案。

作业与思考题

（1）装饰材料的组织设计原则是什么？
（2）办公空间楼地面装饰工程材料有哪些？

第7单元 办公空间创意创新设计

学习目的:办公空间设计虽是功能主义的室内设计,但可通过运用元素概念等新颖的学习方法解析空间形态。随着观点与角度的转变,视野的拓宽,可进一步激发设计者的灵感和创意。通过创意的构思,将办公空间设计得更加有特色。

学习重点:

1. 创意创新设计的主要表现途径;

2. 办公空间创意创新设计的主要方法。

办公空间设计很容易出现两种倾向:一种是功能主义式的办公空间,即任何结构和设计都是功能第一。但功能本身就存在着很多矛盾,如工作的地方多,则休息的地方就少;办公空间大了,通道和公共空间就少了;结构牢固了,造价却增加了……等到通过各种优选法和精密的计算分析及经长时间的反复讨论和研究后,办公空间的方案终于定了下来,但装修完一看,却只是一个平淡无味、了无生气、再平常不过的办公空间环境。另一种是重艺术效果的设计,设计师凭借自己的个人喜好,造型峰峦起伏,色彩诗情画意,处处唯美……

设计到底应该功能第一,还是艺术第一,是一个永远争论不休的话题。实际上,办公空间设计与其他设计一样,既需要满足各种功能要求,又要对设计所产生的诸多感性思维进行归纳与精练总结。其内容包括对将要进行设计的方案做出周密的调查与策划,分析客户的具体要求及方案意图,整个方案的地域特征、文化内涵等,以及设计师通过其独有的思维产生的设计想法。办公空间设计既要科学地运用各种材料和工艺技术,又要在一定的社会、法律和经济制约中运作,创造出符合用户形象的、在数年内都不会过时的空间形象和气氛。

7.1　创意创新设计的主要表现途径

7.1.1　设计思维创新

“思维决定行为”,设计的最终结果是设计师复杂的设计思维活动最直接的反映。设计结果有所差异的根本原因是设计师的思维方式与表达手法的不同。对事物的理解,是按照个人的观点来组织与实施的,因而,对于室内设计师而言,最本质的问题是“设计思维方式”的更换、改变、加工、组织,以形成最佳的构成因子来发展意念。

7.1.2　思维创意的形式

思维作为我们认识世界、改造世界、创造物质文明和精神文明的源泉,存在于人们的一切活动之中,并通过其表现出来。但由于诱发思维产生、出现的条件的差异性,使得人们的思维在其形式方面具有某些不同,这些不同的思维形式表现出各自的特征。一般而言,思维形式包括了价值观、思维过程、思维形式或推论形式三大部分。最有代表性的是把思维形式分为抽象思维(理性思维或科学思维)、形象/感性思维与灵感/顿悟思维(创造性思维)几种形式。

7.1.3　创新设计思维的特性

（1）设计思维的原创性。

马特·马图斯曾说:“世界上最著名的、最富创造力的设计界领袖们有着某些共同特征:他们总是追求原创性设计;他们总是永远尊敬那些有真才实学的人;他们总是不懈地追求完美,而自觉前行。”

新的设计理念和新的设计思想,以及在新理念和新思想指引下所出现的设计,由设计师通过适当的符号和空间的载体得以实现,在首次出现时,往往打上了创造者的烙印,这就是原创性的特点。原创性要求人们敢于对司空见惯或完美无缺的事物提出怀疑,敢于向传统的陈规旧习挑战,敢于否定自己思想上的“框框”,从新的角度分析问题、认识问题。

办公空间室内设计的原创性的思维过程所要解决的问题,不能用常规、传统的方式来解决。设计师应重新审视问题和组织思维,产生独特、新颖的亮点。"原"强调原始,从前没有的性质,"创"则显现时间上的初始,新的纪录。对于设计原创性的描述应该是"新的使用方法""新的材料运用""新的结构体系""新的价值观念"等,这就要求设计师在空间功能设计时,把更多的精力投入到"用"的环节。在"新材料的开发"环节、"新结构的实验"环节以及"新观念的表达"环节中,寻找空间设计的依据,从而避免抄袭、拼贴等不良现象的出现,用这种解决问题的方法和思路来思考设计中存在的问题,有利于设计师在办公空间设计中创造性思维的开发。

(2)设计思维的多向性。

室内设计中的创造性思维是一种联动思维,它引导人们由已知探索未知,开拓思路。联动思维表现为纵向、横向和逆向联动。纵向联动针对某现象或问题进行纵深思考,探询其本质而得到新的启发。横向联动则通过某一现象联想到特点与它相似或相关的事物,从而得到该现象的新应用。逆向联动则是针对现象、问题或解法,分析其相反的方面,从顺推到逆推,从另一角度探索新的途径。

(3)设计思维的想象性。

室内设计要求设计者善于想象,善于结合以往的知识和经验在头脑里形成新的形象,善于把观念的东西形象化。只有善于想象,才有可能跳出现有事实的圈子,才有可能创新。

室内设计要求向多个方向发展,寻求新的思路。可以从一点向多个方向扩散,也可以从不同角度对同一个问题进行思考、解决。

在办公空间设计中,要善于采用各种有助于创新的思维方法,要学会采用观察、分析、归纳、联想、创造和评估等方法贯穿解决问题的全过程。

(4)设计思维的突变性。

在室内设计中的直觉思维、灵感思维是在设计创造中出现的一种突如其来的领悟或理解。它往往表现为思维逻辑的中断,出现思想的飞跃,突然闪现出一种新设想、新观念,使对问题的思考突破原有的框架,从而使问题得以解决。

7.2　办公空间创意创新设计的主要方法

7.2.1　办公空间主题性办公概念设计

在思维整合过程中,经过材料收集阶段的酝酿,若干个设计思路在设计师心中逐渐凸现,并逐步形成初步的主题。设计师需要对不同的设计构想进行判断与评价,从中找出有发展前景的创意思想加以确认。信息处理阶段,思维呈现出抽象、逻辑与收敛性的特点。同时,设计师通过周密的调查与策划,分析出客户的具体要求及方案意图,以及整个方案的地域特征、文化内涵等,再加上设计师通过独有的思维产生的一连串设计创意,才能在诸多的想法与构思中提炼出最准确的设计主题,并以其为主线贯穿设计的全部过程。

办公空间的功能性是设计师首先要考虑的,而象征着精神气质的主题内涵,则是体现设计品质的一个重要环节。主题的介入使办公空间产生了场域效应,并借助设计元素、设计符号的象征意义叙述空间的思想和情感。主题的选择反映了不同的情趣爱好和审美倾向,人们对相同空间的体验和感受不同,文化背景、知识层次、生活环境的差异造成了各自不同的生活态度。因此,办公空间的主题定位应该是多层面的,有大自然淳朴之美的办公主题表现,有都市时尚的办公主题表现,有严谨文化历史内涵的办公主题表现,有轻松、自由的办公主题表现等。人们在这些空间场域中体会着空间的抽象情绪,从而实现人与办公环境的真正统一。

这种在满足使用功能基础上的情感交流给功能空间增加了新的附加值,显现着文化内涵的主题创意综合体现了办公空间设计价值的重要特征。其中,办公空间主题的完整性和鲜明性依赖于办公空间的布局、办公空间形态构架、色彩搭配组合、材料的选择,以及陈设、装饰品等各要素之间的选择与搭配,取决于室内办公空间中诸要素之间主从呼应、有张有弛的协调关系,如果某一元素在塑造空间主题氛围中占据主导环节,那么此时则需要合理地配合运用其他因素。主题办公空间的协调性与鲜明性是设计者对主题办公空间的创意表达能力以及综合文化知识素养的充分体现。

设计概念的形成是设计师在对客户叙述美丽动人的故事,是设计师与室内空间近距离接触后产生的无穷联想与设计灵感。设计师通过对公司历史的了解,对公司地域文化、科学技术知识的吸纳,并通过设计语言转换为对现实空间的理解与分析,运用元素概念解析空间形态。随着观点与角度的转变、视野的拓宽,可进一步激发设计者的灵感和创意。

7.2.2　灵感的设计

凡搞创作的人都有这样的体会:为了解决一个创作难题,往往需要长时间思索,甚至几天几夜冥思苦想却不得其解,烦恼至极,似乎劳而无功,于是暂搁一旁。一日,忽然由于旁观者的点拨或触景顿悟激发灵感,思如泉涌,解开创作难题的钥匙就这样似乎得来全不费工夫,这就是灵感思维的结果。

由此可见,灵感思维是在不知不觉之中突然产生的特殊思维形式。首先,灵感思维以抽象思维和形象思维为基础,处于激发状态的灵感思维活动的过程是短暂的、突发性的,是极其重要的创造性的质变过程。其次,灵感思维总是在形象思维和抽象思维长时间纠结无果而暂时松弛时突现的。掌握灵感思维的特征,我们就能主动抓住这瞬间即逝的灵感闪光。

但是,坐等灵感闪光的到来如同守株待兔一样不可取,因为灵感思维的前提条件是在室内设计师的头脑中已充满了许多设计信息,在设计实践中已掌握了许多设计技巧和方法,即灵感的产生必须建立在知识和经验的积累上,不可能一蹴而就。如果一位室内设计师设计实践经验丰富,设计理论厚实,见多识广,既有成功经验,又有失败教训,这就意味着他比别人拥有更多的创作源泉,想象力更丰富,灵感来得更快,抓住灵感思维的闪光机会就更多。虽然机会面前人人平等,但是只有做好准备的人才能把握住。可见灵感也是一种机遇,因此高度的判断力、敏锐的观察力是抓住灵感不可缺失的主观条件。

从灵感思维产生的过程我们可看出:若想获得创作灵感,思维主体一定要有一个追求的目标,通过孜孜不倦的"朝思暮想",才有可能在偶然机遇中闪现出灵感。

1)自然元素。

自然界中很多元素都是设计师进行设计的灵感来源,如植物、动物、海洋、山川等。大自然的巧妙不是设计出来的,当我们置身于美丽的大自然中,观看、感悟自然的力量,通过对风雨、阴晴、日出日落、四季、花鸟虫鱼、山川河流等的观察,可以积累大量设计材料。独特的植物造型与大自然的和谐色调会给设计师以启发。

设计源于自然而高于自然,设计为人类服务。人类从有意识地设计开始,不断地从自然中学习,从自然元素中汲取灵感。人类模仿自然并不是单纯地照搬,而是模拟万物的生长机理,遵循一切自然生态的规律,创造一种结合设计对象的自身特点以适应新环境的设计方法。由灵感的产生到作品的完成是一个复杂的创造性思维过程,其具体方法可归纳为模拟与仿生两种。在办公空间设计中也常用到这两种方法。

(1) 模拟的设计。

模拟的设计方法是通过模拟自然界中的物体或通过其自然形态来寄寓、暗示或折射某种思想情感,这种情感的形成需要通过联想,通过借物的手法达到再现自然的目的,而模拟的造型特征也往往会引起人们美好的回忆与联想,从而丰富了空间的艺术特色与思想寓意。

从某种意义上讲,空间应是具有某种文化内涵的载体,承载着精神的寄托,而不仅仅具备使用功能。在不违反人们正常使用原则的前提下,运用模拟的手法,借助生活中常见的某种形体、形象或仿照生物的某些特征,对空间进行创造性构思,可以设计出神似某种形体或符合某种生物学原理与特征的空间。模拟可以给设计者多方面的提示与启发,使空间造型具有生动的独特形象和鲜明的个性特征,可以让人们在观赏和使用中产生对某事物的联想,体现出一定的情感与趣味。模拟是一种较为直观和具象的形式,所以容易博得使用者或观赏者的理解与共鸣。

(2) 仿生形态再现。

从仿生形态再现的程度和特征方面,仿生又可分为具象的仿生和抽象的仿生。具象的仿生是忠实地把仿造对象的形体和组织结构再现出来,把自然蕴涵的规律作为人造的生活和工作环境的基础。例如,具象的结构形态具有很强的自然性和亲和性,让我们感受到来自自然的智慧和神秘。抽象仿生是用简单的结构形态特征反映事物内在的本质,当此形态作用于人时,会产生"心理形态",通过人的联想把虚幻而不清晰的事物表现出来。

2) 环境气氛的联想

环境气氛的意境是室内环境精神功能的最高层次,也是对于形象设计的最高要求。这种境界就是环境具有特定的氛围或具有深刻回忆的寓意。

环境的感觉都是一种印象,氛围则更接近于个性,能够在一定程度上体现环境中不同个性的东西。关于氛围的描述,我们通常会形容为轻松活泼、庄严肃穆、安静亲切、欢快热烈、朴实无华、富丽堂皇、古朴典雅或者新潮时尚等。

环境气氛应该具有什么样的氛围,是由其用途和性质决定的。在空间氛围中,还与使用空间工作的人的职业、年龄、性别、文化程度、审美情趣等有密切的关系。从概念上说,环境气氛应该具有何种氛围是容易决定的,如办公空间接待室、会客室应该亲切、平和;大型宴会厅应该热烈、欢快;会议室应该典雅、庄重等。但在实际生活中,由于办公室内环境的类型相当复杂,即便是同一类的办公建筑,当规模、使用对象不同时,其体现的氛围也是完全不同的,如同为会议室,人民大会堂和一般科技会议空间不可同样对待;同是办公室,员工办公室和经理办公室也不可能相同。对此,设计者必须本着具体情况具体分析的精神加以判断和处理。

联想是人与生俱来的天赋,但调动联想潜力发挥其作用作为创意能力,最重要的是后天不断地学习、发展和提高。如土耳其设计工作室 Autoban 的室内设计作品 DO&CO 办公室是环境联想中具有代表性的作品之一。设计师将培训空间的外围设计成了飞机的外形。浅浅的黄色钢铁骨架,分明就是飞机机头的样子。顺着左侧的通道向前走,便可以到达"机舱"内部。进入内部,就好像进入了头等舱,在室内的另一侧,则可以看到一个个模仿机舱内部的窗户,这一切和人们乘坐的飞机内部的设计几乎一模一样。员工在这里可以获得一种真实感,一切设计都是那么精致细腻。公司的员工在这样的环境中培训,对工作环境有更深刻的认识。这是设计师长期对知识经验、信息储存所产生的联想(见图 7-1~图 7-3)。

图 7-1　DO&CO 办公室飞机外形　　　　图 7-2　DO&CO 办公室的浅褐色皮革沙发座椅

图 7-3　DO&CO 办公室内部细节

7.2.3　风格和趋向的设计

"风格是原则的和谐,它赋予一个时代所有的作品以生命,它来自富有个性的精神。我们的时代正每天确立着自己的风格。不幸,我们的眼睛还不会识别它。"——勒·柯布西耶

风格是一种精神风貌和格调,是通过造型艺术语言所呈现的精神、风貌、品格和风度,是设计师从设计创意中表现出来的思想与艺术的个性特征。这些特征,不只是思想方面的,也不只是艺术方面的,而是从创意总体中表现出来的思想与艺术相统一的并为个人独有或作品独有的特征。著名建筑设计大师贝聿铭先生说:"每一个建筑都得个别设计,不仅和气候、地点有关,而同时当地的历史、人民及文化背景也都需要考虑。这也是为什么世界各地建筑仍各有独特风格的原因。"

办公建筑的发展趋向已经到了多种风格并存共生的多元化时代,未来的办公空间设计更将是在国际背景下,多种风格活跃,变换出诸多流派。许多新思维将应运而生,譬如对异形空间的理解,人们现今已不再只满足于方盒子白色吊顶的常规空间了,而是刻意地追求不同寻常的空间感觉。如扎

哈·哈迪德公布了她最新的设计——石塔,是为埃及开罗开发区设计的。该石塔占地 525000 m²,哈迪德的设计提供了办公室和零售空间、一个五星级的商务宾馆以及服务公寓,有一个下沉式景观花园广场叫"德尔塔"(见图 7-4)。

图 7-4　扎哈·哈迪德最新的设计——石塔

我们的社会允许多种风格的存在,也见证了不同流派的兴衰,只有这样,我们的设计行业才会多元化发展,设计水准才能在不断变化中得以提高。设计风格的更迭与交替是设计发展的必然过程,正是由于种种风格不断地更替才有了不断繁荣与发展的人类设计艺术。设计风格周期性的改变,带来的不仅是丰富多样的款型与样式,更重要的是带来了不断超越与进步的设计。从某种意义上说,交替与复兴是一种矛盾,一方面是更换,另一方面是一种新的重复,但是它们又不见得不可以统一,因为交替是有据可依的,它必然以前一次的历史作为更迭的基础,而复兴不是简单的重复,必定是一种升华了的"复原"。艺术设计的许多现象就是如此,就像风格,其实就是艺术形式不断交替与复兴而产生的结果。

7.2.3.1　时代感

所谓设计的时代感,指由时代的社会生活所决定的时代精神、时代风尚、时代审美等需要,体现在设计作品格调上的反映。同一时代的设计师个人风格可能各不相同,但无论是谁的设计作品,都不能不烙上这个时代的烙印。事实上,巧妙地糅进其他文化气质类型的成分,往往会使设计作品脱离某种固有模式而显得比较自在。

1）时代感的特征

（1）时间特征（随着时间的推移和新时尚的出现而消失）。

（2）没有本质的不同，只是感觉上的刺激（比较通俗的且带有普遍性的解释，这种现象的原因被西方心理学解释为"感觉刺激论"）。

时代感的特性，包含两个层次。首先，要立足于时代，既要从时尚中寻求灵感，又要超越时尚把握住内在的本质，否则在室内设计中运用的装饰再完美，脱离了时代性也是没有价值的。其次，经典和传统是时代性之根，在室内设计中也离不开经典和传统的结合。

一个好的设计方案，首先是站在历史的一个阶段过程的"点"位上，是以科技为先导的设计，科技激发设计灵感。以国家大剧院为例，安德鲁分析说："这座建筑紧邻世界上最具象征意义的古老的天安门城楼。我认为，它的风格应该越现代越好！新老风格的强烈对比，能够鲜明体现时代的进步。如果认为古老紫禁城旁边的新建筑，必定只能保持传统古典的风格，那么，你们熟悉的华裔设计师贝聿铭先生为古老的卢浮宫设计的玻璃金字塔，为什么会大受欢迎呢？"阐述了设计体现时间特征与时代进步的关系。

2）新材料与新工艺

具有时代感的办公空间为办公生态学的发展带来环境研究方面的进展，同时也为设计提供了大量的灵感，主要表现在使用"天然材料"以及以科技成果为主题的新材料和新工艺的运用。设备设施等在不断吸取传统装饰风格中的设计精华的基础上，结合地域特质和当今科技成果塑造新的办公室内风格。同时，它还与一些新兴学科紧密相连，如人体工程学、环境心理学、环境物理学等。

当代办公空间新材料与新工艺的运用主要集中在以下几个方面。

（1）在办公空间中的特殊空间中，追求光亮强烈的视觉效果，综合运用铝合金、不锈钢、大理石、花岗岩和玻璃幕墙等反光性能较强的装饰材料，通过光的反射、折射及动感，使办公空间的特殊空间产生光彩夺目的视觉效果，如电梯厅等。

（2）新材料体现现代艺术的直率个性，在以工业科技为主体的办公环境设计中，将裸露建筑钢结构及设备管道、自动扶梯及结构构件进行各种组合。这种设计风格力求表现结构美、工艺美、材料美，体现高科技办公空间。

（3）自由的平面，垒砌结构就像"大乌龟背着小乌龟"一样；上下层建筑的柱子和墙都在同一位置上，通过轻便的隔断墙，使房间变成能够"自由地隔断开"；追求简洁的构图，采用极为单纯的几何形体，进行规整的排列组合；注重次序与比例等。体现出办公空间不同的表现形式。

7.2.3.2 人性化

以人为本，是当今社会提倡的主题之一。空间为人提供活动的场所，人为空间注入活力和价值，二者相互影响。设计师只有通过研究人与环境、物质与文化的关系，才能创造出人性化的空间和场所，真正体现设计为人服务的宗旨。在建造办公空间时，对于空间设计来说，要考虑"对人来说什么是最重要"。在做计划时，对于考虑到的事情，要从开始到结束都能"合情合理地做出解释"。

今天，人们的需求逐渐超越了物质功能的满足，向高情感的层次过渡。注重传统文化，向往充满人情味、充满地方特点的生态环境，已成为室内设计发展的主流方向。人性化设计的界定可以从人的因素、物质的因素、精神的因素、自然的因素等几个方面进行综合分析。第一，人是空间环境的主体，因此设计应该突出人本主义的原则，充分考虑使用群体的需求，考虑不同年龄阶层的使用对象以及正常人、残疾人的不同行为方式与心理状况，才能在设计中予以充分的体现，彰显功能空间的方便、快捷、舒适、安全的人性化特点。第二，就空间环境而言，物质功能是最基本的功能，没有这一基本属性的空间，其存在是毫无意义的，在此基础上创造空间的多义性和可变性，也是人性化发展的最好诠释。第三，空间形态的文化内涵和场所精神是现代设计追求的方向之一，是高附加值的体现。人处于空间环境中，往往会受到多方面信息的影响，如空间的形态、光影、色彩、肌理等，这些信息影响着人们的视觉心理和行为心理，导致人们产生某种主题的联想。随着历史、文化要素的注入，也会赋予空间环境丰富的精神文化内涵，达到人与空间情感的互动。第四，人们对自然因素的需求，既包括了心理上的需求，也包括了生理上的需求。植物、水体、阳光和空气是人性化设计中经常运用的基本元素。植物能缓解和消除人们的紧张和疲劳，其自然生长的姿态和四季变化的景象使其具有顽强的生命力；草坪的浓浓绿意除了具有降温除尘的功效外，还有很强的亲和力；水池、河道中的水体，能唤起人们对自然的联想，给人工环境增添自然的情趣;而对阳光、空气等无消耗能源的利用,则体现了现代生活中健康、环保、节能的新理念。

7.2.3.3 传统性

办公空间传统的设计风格,其特点是把传统、地方建筑的基本构筑和形式保留下来,加以强化处理,突出文化特色,删除琐碎的细节,即把传统和地方建筑及室内加以简单化处理,突出形式特征。例如,石库门最能充分展现上海里弄的特有风情,在杭州以石库门建筑形式作为主要设计元素的思瀚设计工作室整个空间以传统风格和现代实用为依托,在细节方面独具特色:精美的雕刻、古老的装饰物、凹凸有致的门楣,显露着东方特有的沉着稳重,让整个空间沉浸于东方情结的洗礼中(见图 7-5～图 7-7)。

还有一种传统就是边学习建筑巨匠的作品,边提出构思。代表近代的建筑巨匠有出生在瑞士的法籍建筑师勒·柯布西耶、美国建筑学家赖特和美国建筑师密斯·凡·德·罗等,每个人都有独特的个性,但也有共同构思。我们生活在现代社会里,可以进一步边向前看,边向他们学习如何提出新的构思。

图 7-5 传统的办公空间入口　　　　　　　图 7-6 传统的办公空间风格

图 7-7　传统的办公空间风格设计

运用民族、地方特色的典型符号来强调民族传统、地方传统以及民俗风格的室内空间，讲究空间的符号性和象征性，但在结构上不一定遵循传统的方式，可使传统的形式扩展成为现代的用途。扩展指功能的扩展，而形式上则是传统的。如图 7-8 所示是一间位于美国曼哈顿岛的办公室。步入这个空间，迎面而来的是一座熠熠生辉的佛像，接待间被木质和金属做的屏风包围着，一个主要的门厅连接到空间的各个方向。在整个走廊的边上装有木质屏风和自动滑动门，能连接到一系列的工作区域，自动屏风门让各空间有了私密感，同时又能够引入自然的光线。屏风图形运用了中国传统图案。

7.2.4　素材再造

素材再造是通过对空间的观察、分析、归纳、联想的方式，始终贯穿设计的目的方向，是选择、组织、整合、创造内因（原理、材料、结构、工艺技术和形态）的依据。在对素材再造的过程中，既能广泛消化前人的经验，又能学以致用地吸收前人的设计营养（见图 7-9、图 7-10）。其特点是既要创新还要能将创新实现。主要通过以下两点完成。

（1）所有创意方案要在不断的选择、筛选过程中一一评价，以支撑、归

图 7-8　美国曼哈顿岛的办公室

纳、完善设计目标。

（2）从整体方案的创意到方案细节的创意、细节与细节的过渡、细节与整体方案的关系，都要做到不同层次的"构思"都有相对应的"想象"。

图 7-9　接待室素材再造　　　　　　图 7-10　顶棚造型素材再造

7.2.5　从平面向空间思维的转化

在中国传统绘画中,强调"意在笔先"。中国台湾室内设计公会理事、杰群室内设计公司刘东澍先生指出:"平面做好了,设计就完成了一半。"在办公室内设计方案的平面图中,要时时把握住空间的特点,依据空间的形式,将每一处形体、每一种功能的转换以三维形象在思维中勾勒出,这样的平面布局就不仅仅只是二维的点和线的关系,它的每一条线段及呈现出来的内容都是一种立体空间形象。这种设计意识,不但能有效提高设计水平,也为更好地表现设计意图提供了良好基础。

办公空间也是如此,如图 7-11～图 7-13 所示,外观矩形在二次的空间设计上,打破千篇一律的矩形平面空间。一般墙体以与柱网成 45°者居多,相对方向的 45°又形成直角,避免了更多锐角房间的出现。

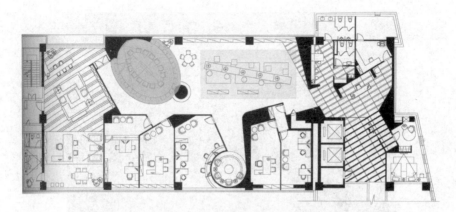

图 7-11 办公空间平面设计图

图 7-12 办公空间内景 1

图 7-13 办公空间内景 2

7.2.6 发挥思维的逆向性

逆向思维是指不按照常规思路,与自然过程相反,或与事物(现象)的常见特征一般趋势相违的思维方式。它打破习惯性正向思维方式,变顺理成章的"顺向水平思考"为"反过来思考",从一个新的角度去认识客观事物,有利于发现事物或现象的新特征、新关系,有利于拓宽思路,产生创造性思维成果或创造性地解决问题。

在办公建筑设计的构思阶段,作为设计师来说,是想在视觉上整理一下建筑物的"形态",但有时从空间使用者来说,本来只是稍微地"改变一下原来的形态"也可以,但回答却又反回来了,也就是想让日照、采光和通风等条件都要优先,但有些建筑在实际上却不能满足这些要求。所以就要试着采取"逆向构思",不要"整理形态",而是要"打乱"形态,创造景观。打乱时要按照美丽的自然景观那样,往"优美"里"打乱"。因此可以大力推广"办公屋顶绿化"和"办公墙面绿化"(见图 7-14、图 7-15),所以,如果用"低碳绿化"所有的办公建筑物来考虑,我们城市通向"园林城市"的道路也就不太远了。绿化有降低空气温度的效果,在办公建筑物的表面上还可以再生出新的自然植物立面(见图 7-16)。

图 7-14　屋顶绿化设计

图 7-15　墙面绿化系统

图 7-16　办公建筑物的自然植物立面

在办公空间室内设计的构思阶段,这种逆向思维可以使方案有与众不同的特点。例如,对于办公建筑中的设备管道,在进行办公空间室内设计时,按正向思维方式一般是用吊顶将其隐藏起来,保证顶部的平整或便于顶界面里管道的布局。但是,当一个办公空间比较低矮时,顶部的若干管道不能穿梁而过,只能紧贴梁下部布置时,按正向思维,为了遮挡管道而满铺吊顶,就无法解决因净高过低而产生的压抑感。能否将思维换位反过来想呢?就让管道大胆暴露出来,再用各种颜色加以强调,这样管道成了办公空间室内有特色的设计要素,而室内净高也得到保证。在室内色彩关系上,正向思维是上轻下重,即底界面色彩稍重些,而顶界面色彩尽量浅些,这符合人们对室内空间具有稳定感要求的思维定势。但是,当室内层高较低,且由于结构关系导致顶部主次梁布局较紊乱时,我们能否不按正向思维将顶界面配以白色或满吊白色平顶?我们可以干脆把顶表面所有的梁板全涂黑,再以黑色的格栅吊顶。此时人们抬头一望,只感觉到格栅之上像黑洞一般深不可测,顶上紊乱的梁全然消失在这“深渊”之中,而人与吊顶的心理距离感被拉远。这种特殊的吊顶效果给人以新颖感,这正是运用逆向思维解决设计问题的创造性成果。由此可知,运用逆向思维是室内设计创作中创新的主要途径之一。

7.2.7 从相关设计中借鉴创作灵感

办公空间设计是设计家族中的后起之秀,其特点之一是出现时间短,特点之二是总有着其他设计的影子。它既是办公建筑设计的延续,又要与多门学科进行整合,与相关专业也有着千丝万缕的联系。

目前,一些专业室内设计师在设计办公空间的时候已经将视角转向建筑设计、交通工具和服装设计当中,一方面是用办公设计的目光审视其他空间,另一方面是在观察,精细观察其他空间的走向,从中吸取养分、借鉴灵感。如在办公空间设计中设计的地灯,即不影响夜晚的休息,又能保证夜间的行走。又如办公室内吊顶的灯槽设计现在是非常普及了,但是这一经验最早却是从飞机上借鉴的。

最后就是善于总结。总结是设计师自我培养创造性思维和创造性能力的一个加油站,短暂的停靠实际是为了加速蓄能。总结过去,才能发现不足;总结经验,以便改进,为下一次腾飞做好准备。

课题设计

［设计内容］

运用办公空间创意创新方法，设计出在具有创新空间、人性化特点的设计的初步方案。

［命题要点］

(1) 办公空间的造型必须符合创新方法中的一种。

(2) 办公家具尺寸符合人体工程学。

(3) 注意运用形式美法则的特点。

［时间安排］

共四周

第 1 周：设计对象分析、查找资料和构思草图。

第 2 周：方案讨论。

第 3 周：方案的推敲。

第 4 周：展板的整理和后期设计说明的制作。

作品赏析

见附图 184～附图 202。

附图 1　ADA1 办公楼室外

（a）

（b）

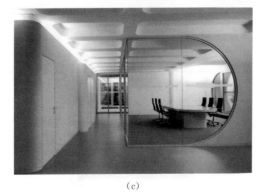

（c）

附图 2　ADA1 办公楼室内

（a）　　　　　　　　　　　　　　　　（b）

附图 3　茶水间的空间设计

附图 4　在这个开放的空间里，白桦木制成的木结
　　　　构随处可见，它们被分别制作成分区隔断、
　　　　存储空间和书架等家具

附图 5　开阔的办公空间

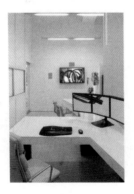

附图 6　120°的办公台

（a）

（b）

附图 7　办公家具

附图 8　封闭式单间办公室

（a）

（b）

附图 9　透明式单间办公室

（a） （b）

（c）

附图 10 半透明式单间办公室

附图 11 开敞式办公室

（a）

（b）

附图 12　开敞式办公空间家具

（a）

（b）

附图 13　单间式与开敞式相结合的办公空间

（a）　　　　　　　　　　　　（b）

附图 14　专业性办公空间

（a）　　　　　　　　　　　　（b）

（c）　　　　　　　　　　　　（d）

附图 15　瑞士的苏黎世办公空间系列

(e)

(f)

(g)

(h)

(i)

续附图 15

（a）

（b）

附图 16　美国旧金山 google 办公空间

附图 17　上海世博会芬兰馆

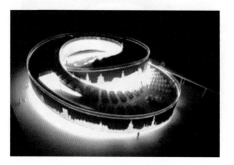
附图 18　上海世博会丹麦馆

附图 19　上海世博会宁波滕头馆

附图 20 绿色植物建筑外立面的应用

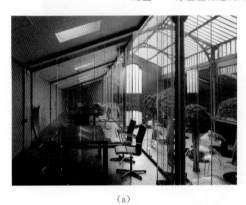

（a）

（b）

附图 21 绿色植物在办公空间室内的应用

附图 22 都市中的绿色屋顶

附图 23　都市中的绿色屋顶

附图 24　798 艺术中心

附图 25　某软件园 1 号研发中心大楼

(a)

(b)

附图 26　LOFT 艺术家工作室

（a）　　　　　　　　　　　　　　　　　（b）

附图 27　办公空间中虚点与实点的对比

（a）　　　　　　　　　　　　　　　　　（b）

附图 28　Skype 瑞典总部休息区和会议室

附图 29　单一的点办公空间设计　　　　　　　附图 30　两点办公空间设计

附图 31　三点办公空间设计

附图 32　多点之间的组合

（a）

（b）

附图 33　点状元素的运用

附图 34　三角形点的办公空间

附图 35　矩形点的办公空间

附图 36　办公空间水平线的运用　　附图 37　办公空间竖直线的　　附图 38　办公楼建筑斜装饰
　　　　　　　　　　　　　　　　　　　　　　运用　　　　　　　　　　　　结构走廊

附图 39　圆型办公空间　　　　　　　　　附图 40　办公空间弧线

附图 41　办公空间抛物线　　　　　　附图 42　办公空间楼梯螺旋线

附图 43　办公空间任意线

附图 44　办公空间水平面工作台

附图 45　办公空间垂直面隔断

附图 46　办公空间斜面接待台

附图 47　直纹曲面
暗藏灯槽

附图 48　非直纹曲面办公空间会议室

附图 49　自由曲面办公
空间休息区

附图 50　办公空间方形面吊顶

附图 51　办公空间圆形面小会议区

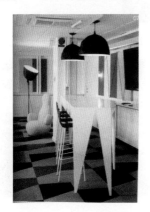

附图 52　办公空间三角形元素

附图 53　办公空间非几何形

（a）

（b）

附图 54　办公空间圆柱体阳光通道

附图 55 虚体构成的办公开放空间

（a）

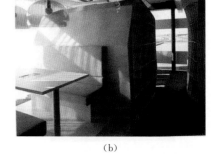

（b）

附图 56 办公室内设计和空间用途相互交融

（a）

（b）

附图 57 不同室内设计风格的总经理办公室

（c）

（d）

续附图 57

（a）

（b）

（c）

（d）

附图 58　业务经理办公室

（e）

续附图 58

（a）

（b）

附图 59 由背景墙、服务台、等候接待区构成的前厅

附图 60 圆桌小型会议室

附图 61 小型会议室

（a）

（b）

附图 62 中大型会议室

（a）

（b）

附图 63 封闭式会议室

（a）　　　　　　　　　　　　　　　　　　（b）

附图 64　非封闭式会议室

（a）　　　　　　　　　　　　　　　　　　（b）

（c）　　　　　　　　　　　　　　　　　　（d）

附图 65　会议室配置

附图 66　前厅等候接待区的展示空间

附图 67　利用大会议室墙面作为展示厅

附图 68　利用公共走廊作为展示厅

附图 69　杜邦可丽耐上海设计中心利用休息
　　　　区作为展示厅

附图 70　利用楼梯的上楼处
　　　　作为展示厅

（a）

（b）

附图 71 资料室

附图 72 复印打印机房

（a）

（b）

附图 73 落地办公雕塑

附图 74　雕塑

附图 75　办公室的角落、墙边的陈设品

附图 76　绿化桦树模型陈设

（a）　　　　　　　　　　　　　　　　（b）

附图 77　办公空间绿植装饰

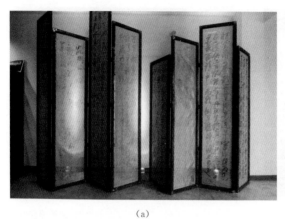

(a)　　　　　　　　　　　　　　　　　　　　(b)

附图 78　屏风

(a)　　　　　　　　　　　　　　　　　　　　(b)

(c)　　　　　　　　　　　　　　　　　　　　(d)

附图 79　办公空间橱柜陈设

（e）

续附图 79

附图 80　接待处悬挂陈设

附图 81　办公空间顶部悬挂液晶电视

（a）

（b）

附图 82　边角点缀的室内绿化布置方式

附图 83　入口绿化

附图 84　窗台绿化

（a）

（b）

附图 85　结合家具的绿化布置

（a）

（b）

附图 86　室内绿化背景

附图 87　黄石市国家电网贵宾厅

附图 88　秘书接待区设计

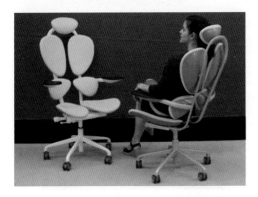

附图 89　减缓压力的脉轮办公椅

附图 90　Workbay 办公椅

附图 91　办公椅

附图 92　Ayur chair——保护腰椎的椅子

附图 93 Stokke Gravity——可以调整
为适合睡眠状态的椅子

附图 94 Daybed——沙发床

附图 95 Embody——从人体工程学
来说最为舒适的椅子

附图 96 Renegade Gaming——豪华按摩游戏
专用椅

（a）

（b）

附图 97 Puppo 办公椅

（a） （b）

附图 98 低背办公沙发

（a） （b）

附图 99 高背办公沙发

（a） （b）

附图 100 配合建筑结构所设计的沙发

附图 101　造型多样的沙发

附图 102　富有创意的沙发

（a）

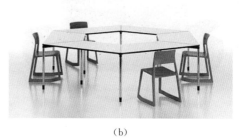

（b）

附图 103　办公桌

附图 104　Beatus Kopp 办公桌系列图

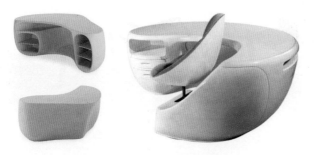

附图 105　BaObab 办公桌子系列图

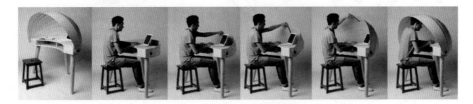

附图 106　玻璃钢前台桌子系列图

附图 107　凯沃尔桌子系列图

附图 108　办公桌系列图

附图 109　创意办公桌系列图

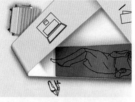

附图 110　多功能办公家具

附图 111　Borrod 办公桌系列图

（a）　　　　　　　　　　　　　　　　　（b）

附图 112　单体式办公桌

附图 113 立式绘图桌椅

附图 114 普通组合式办公台

（a）

（b）

附图 115 屏风隔断组合式办公台

（a）

（b）

附图 116 办公橱柜

（a）

（b）

（c）

附图 117　办公壁柜

附图 118　防尘办公壁柜

附图 119　办公壁柜照明设计

(a)

(b)

附图 120　办公壁柜柜门设计

附图 121　某办公空间接待台

(a)

(b)

附图 122　接待台

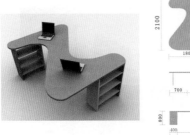

附图 123 "S"形办公桌设计

附图 124 转与动

附图 125 喜字办公展示家具

附图 126 转身的距离

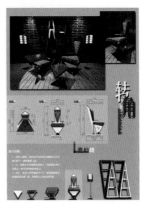

附图 127 系列办公家具

（a）　　　　　　　　　　　　　　　　（b）

附图 128　LED 光源

（a）　　　　　　　　　　　　　　　　（b）

（c）

附图 129　光纤照明

附图 130　办公空间经理办公室重点照明　　附图 131　办公空间经理会客室重点照明

附图 132　办公空间开敞式办公室重点照明

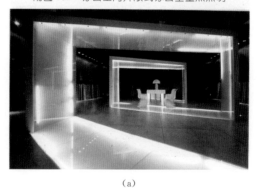

（a）

附图 133　办公空间的艺术照明

（b）

续附图 133

（a）

（b）

附图 134　办公空间开敞式办公室直接照明

（a）

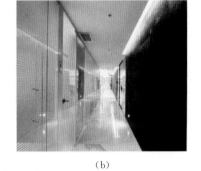

（b）

附图 135　办公空间间接照明

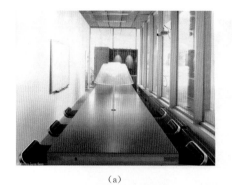 

（a）　　　　　　　　　　　　　　　（b）

附图 136　办公空间半直接照明

附图 137　办公空间半间接照明

（a）　　　　　　　　　　　　　　　（b）

附图 138　办公空间漫射照明

(a)

(b)

(c)

(d)

附图 139　集中办公区的照明设计

附图 140　个人办公室的照明设计

附图 141　会议室照明

附图 142 入口门厅照明

附图 143 走廊照明

(a)

(b)

附图 144 办公空间楼梯间照明设计

(a)

(b)

附图 145 运用红色调设计办公空间

(a)　　　　　　　　　　　(b)　　　　　　　　(c)

附图 146　运用橙色调设计办公空间

(a)　　　　　　　　　　　　　　　(b)

附图 147　运用蓝色调设计办公空间

(a)　　　　　　　　　　　　　　　(b)

附图 148　运用绿色调设计办公空间

（a）

（b）

附图 149　运用黄色调设计办公空间

附图 150　沿墙体蜿蜒而成的座椅，
　　　　　紫色很大胆

附图 151　紫色作为办公家具产品的点缀颜色

附图 152　运用紫色调设计
　　　　　办公空间

附图 153　冷色调会议室

大花白	爵士白	雕刻白	红线玉
新米黄	旧米黄	西班牙米黄	银线米黄
金花米黄	木纹石	挪威红	桔皮红
珊瑚红	万寿红	紫罗红	咖啡网纹
大花绿	中青绿	黑白绿	黑金花

附图 154 天然大理石

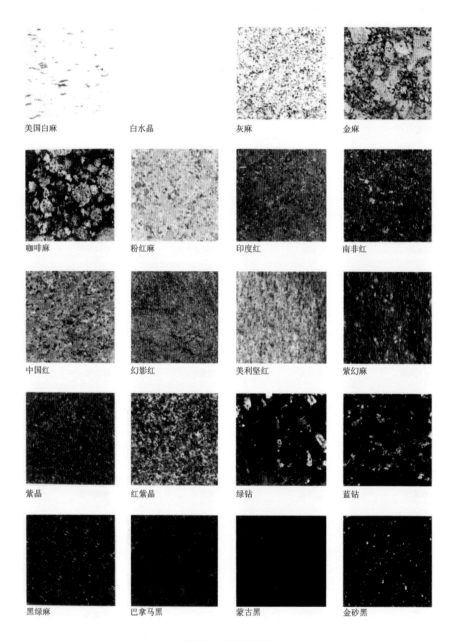

美国白麻   白水晶   灰麻   金麻

咖啡麻   粉红麻   印度红   南非红

中国红   幻影红   美利坚红   紫幻麻

紫晶   红紫晶   绿钻   蓝钻

黑绿麻   巴拿马黑   蒙古黑   金砂黑

附图 155　天然花岗石

附图 156 高级办公室
木质地面

附图 157 开敞式办公室木质地面

附图 158 办公流动空间木质地面

附图 159　办公空间地毯满铺效果

附图 160　办公空间地毯局部铺设效果

附图 161　办公空间走廊环氧自流平涂料地面

附图 162　办公空间入口大厅环氧自流平涂料
地面

附图 163　局部叠级吊顶限定小会议区

附图 164　局部叠级吊顶限定办公空间、休闲空间

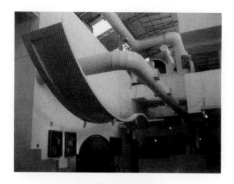

附图 165　局部叠级吊顶

附图 166　吊顶斜线状灯饰

（a）

（b）

附图 167　不吊天花的接待空间

（a）

（b）

附图 168　不吊天花的办公空间

（a）

（b）

附图 169 塑料格栅吊顶

附图 170 办公室石膏浮雕吊顶

附图 171 玻璃吊顶

（a）

（b）

附图 172 会议室弧形造型门设计

附图 173　门的造型　　　　附图 174　大门上部门名称的位置　　　　附图 175　数字标注门

(a)　　　　　　　　　　　　　　　　　　　　　　　(b)

(c)

附图 176　设计新颖的办公室门

附图 177　窗台板可以设计成办公　　　　附图 178　办公室餐厅圆形窗套设计
　　　　　休息区坐榻

附图 179　百叶窗帘　　　　　　　　　　附图 180　布艺窗帘

附图 181　摆设植物窗台　　　　　　　　附图 182　办公空间壁纸装饰

附图 183 乳胶漆墙面办公室

附图 184 办公空间墙面的特殊处理

附图 185

附图 186

附图 187

附图 188

附图 189   附图 190

附图 191

附图 192

附图 193

附图 194

附图 195

附图 196

附图 197

附图 198

附图 199

LEARNING PARTS

开放式学校教室设计

设计构思

公共空间：自主学习教室
人群定位：小学和初中学生
设计目的：提供学生之间的交流合作,开拓思维,增进学习的兴趣

整体规划

空间风格：简约 明朗 温馨
空间色彩：以白色为主,多为亮色
空间特色：各样的学习区域每处都不一样
空间划分：（一层）制作区、楼梯式学习区、交谈区、支架区、单独学习区、洞穴区、多媒体室、（二层）教室区、办公区、活动区、会议室、图书室

一层平面布局

没有墙壁阻隔的教室,按学习区域家具的不同划分空间。
楼梯式学习区：学生坐在矮楼梯上自主学习交谈
洞穴式学习区：造型酷似洞穴
支架区：以支架构建的座椅区
多媒体室：没有座椅,自主的观看

家具设施及装饰多种多样,主要主要为改变现代的学校的模式,营造一种轻松、愉快的学习环境,培养学生们的个人发展能力。

支架区

附图 200

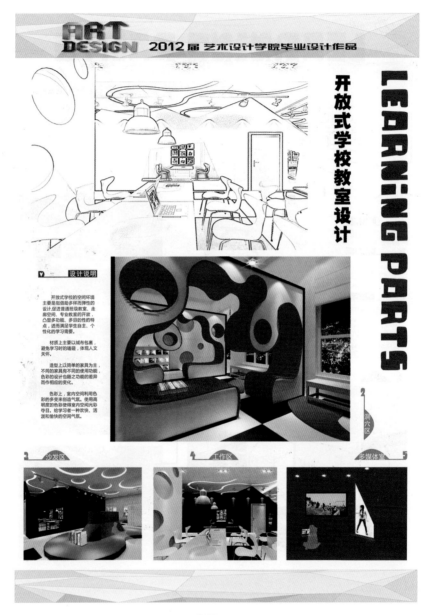

附图 201

附图 202

附图 203

参 考 文 献

[1] 贝思出版有限公司. Theme Offices 主题办公室[M]. 武汉:华中科技大学出版社,2007.6

[2] 钟音,小白. 仓库办公室[M]. 沈阳:辽宁科学技术出版社,2007.3

[3] 香港日瀚国际文化传播公司. 室内 X 档案. 公共空间[M]. 天津:天津大学出版社,2010.2

[4] (英)迈尔森(Myerson,J.),(英)罗斯(Ross,P.)创新办公空间[M]. 沈阳:辽宁科学技术出版社,2007.6

[5] 北京方亮文化传播有限公司. 室内细部之特色办公[M]. 北京:人民交通出版社,2007.7

[6] 深圳市创扬文化传播有限公司. 视觉办公空间—国际 IN 办公设计[M]. 武汉:华中科技大学出版社,2010.1

[7] 深圳市创扬文化传播有限公司. 2009 办公空间设计经典[M]. 福建:福建科技出版社,2009.5

[8] 黎志伟,林学明. 办公空间设计分析与应用[M]. 北京:水利水电出版社 2010.3

[9] 佳图文化. 办公建筑设计[M]. 广州:华南理工大学出版社,2012.11

[10] Abby Fang. Working is fun[M]. 香港:Designer Books

[11] 崔冬晖主编. 室内设计概论,北京:北京大学出版社,2007.

[12] 李梦玲主编. 办公空间设计,北京:清华大学出版社,2011.

[13] 张绮曼. 郑曙阳. 室内设计资料集,北京:中国建筑工业出版社.1991.

[14] 庄夏珍. 室内植物装饰设计,重庆:重庆大学出版社.2006.

[15] 车生泉. 室内装饰植物设计与范例,北京:中国农业出版社.2002.

[16] 翟东晓. 第十八届亚太区室内设计大奖参赛作品选. 办公空间,大连:大连理工大学出版社.2011.8

[17] 迈尔森. 罗斯. 创新办公空间,沈阳:辽宁科学技术出版社.2007.6

[18] 韩国建筑出版社. 办公空间,北京:北京科学技术出版社.2008.12

［19］徐宾宾.别样办公,南京:江苏人民出版社.2011.3

［20］田原,杨冬丹.装饰材料与应用,北京:中国建筑工业出版社.2006

［21］张金红,李广.光环境设计,北京:北京理工大学出版社.2009.6

［22］杨豪中,王葆华.室内设计空间——办公、展示,武汉:华中科技大学出版社.2010.1

［23］安勇.室内设计创意,长沙:湖南大学出版社.2010.6